职业教育"十三五"改革创新规划教材

AutoCAD 2016 建筑绘图

张新娟　主编

司云萍　尤新芳　副主编

清华大学出版社

北　京

内 容 简 介

本书是中等职业教育"十三五"改革创新规划教材,依据教育部 2014 年颁布的《中等职业学校建筑工程专业教学标准》,并参照相关的国家职业技能标准编写而成。

本书主要内容包括 AutoCAD 绘图环境及基本操作、AutoCAD 绘图操作、建筑工程制图的国家标准、绘制建筑图及打印图形。本书配套有电子教案、多媒体课件、多媒体素材库等丰富的教学资源,可免费获取。

本书可作为中等职业学校建筑工程专业及相关专业学生的教材,也可作为岗位培训用书。

图书在版编目(CIP)数据

AutoCAD 2016 建筑绘图/张新娟主编. —北京:清华大学出版社,2016
(职业教育"十三五"改革创新规划教材)
ISBN 978-7-302-45464-9

Ⅰ. ①A… Ⅱ. ①张… Ⅲ. ①建筑制图-计算机辅助设计-AutoCAD 软件-职业教育-教材
Ⅳ. ①TU204

中国版本图书馆 CIP 数据核字(2016)第 274737 号

责任编辑:刘士平
封面设计:张京京
责任校对:刘 静
责任印制:刘海龙

出版发行:清华大学出版社
   网 址:http://www.tup.com.cn,http://www.wqbook.com
   地 址:北京清华大学学研大厦 A 座   **邮 编:**100084
   社 总 机:010-62770175   **邮 购:**010-62786544
   投稿与读者服务:010-62776969,c-service@tup.tsinghua.edu.cn
   质 量 反 馈:010-62772015,zhiliang@tup.tsinghua.edu.cn
   课 件 下 载:http://www.tup.com.cn,010-62770175-4278
印 装 者:北京泽宇印刷有限公司
经 销:全国新华书店
开 本:185mm×260mm   **印 张:**11.75   **字 数:**266 千字
版 次:2016 年 12 月第 1 版   **印 次:**2016 年 12 月第 1 次印刷
印 数:1～2000
定 价:25.00 元

产品编号:072402-01

FOREWORD  前 言

本书是职业教育"十三五"改革创新规划教材,依据教育部 2014 年颁布的《中等职业学校建筑工程专业教学标准》,并参照相关的国家职业技能标准编写而成。通过本书的学习,可以使学生掌握必备的 AutoCAD 绘制建筑图形的方法和技巧、建筑工程制图的国家标准,绘制建筑图工程施工图等。本书在编写过程中吸收企业技术人员参与教材编写,紧密结合工作岗位,与职业岗位对接;选取的案例贴近生活、贴近生产实际;将创新理念贯彻到内容选取、教材体例等方面。

本书配套有电子教案、多媒体课件、多媒体素材库等丰富的教学资源,可免费获取。

本书在编写时努力贯彻教学改革的有关精神,严格依据教学标准的要求,努力体现以下特色。

1. 任务驱动

本书从 AutoCAD 的基本操作界面讲起,由浅入深,结合软件特点和行业应用安排了绘图任务,让读者在绘图实践中轻松掌握 AutoCAD 2016 的基本操作和技术精髓。

2. 拓展思维、举一反三

本书所有实例经典实用,每个实例都包含相应工具和功能的使用方法和技巧。除了任务所需的相关知识外,还有知识拓展部分,在一些重点和要点处,还添加了提示和技巧讲解,帮助读者理解和加深认识,从而真正掌握知识,以达到举一反三、灵活运用的目的。

3. 实用、通用

本书内容系统、完整,实用性较强,可作为中职学校建筑类专业教材,也可作为各类建筑制图培训班的教材使用,还可作为工程技术人员及高等院校相关专业学生的自学用书。

本书建议学时为 64 学时,具体学时分配见下表。

项目	建议学时	项目	建议学时	项目	建议学时
项目 1	10	项目 3	6	项目 5	2
项目 2	22	项目 4	24		
总 计	64				

本书由张新娟担任主编，司云萍、尤新芳担任副主编。

本书在编写过程中参考了大量的文献资料，在此向文献资料的作者致以诚挚的谢意。

由于编写时间及编者水平有限，书中难免有错误和不妥之处，恳请广大读者批评指正。了解更多教材信息，请关注微信订阅号：Coibook。

编　者

2016 年 8 月

CONTENTS

目 录

项目 1

AutoCAD 绘图环境及基本操作

学习 AutoCAD,首先要熟悉 AutoCAD 的窗口界面,了解 AutoCAD 窗口中每一部分的功能,学习怎样与绘图程序对话,即如何下达命令及产生错误后如何处理等;其次要学会图层、线型、线宽和颜色的设置及图层状态的控制。

任务1 AutoCAD 用户界面及基本操作

 教学目标

(1) 熟悉 AutoCAD 用户界面的组成。
(2) 掌握调用 AutoCAD 命令的方法。
(3) 掌握选择对象的常用方法。
(4) 学习快速缩放和移动图形。
(5) 熟悉重复命令和取消已执行的操作。

 任务导入

学习 AutoCAD,首先要熟悉 AutoCAD 的窗口界面,掌握一些常用的基本操作,以便进行后续的学习。

 相关知识

1. 认识 AutoCAD 2016 界面

启动 AutoCAD 2016 后,单击快速入门项的"开始绘制",打开默认文件名为

Drawing1. dwg 的绘图文件，界面如图 1-1 所示，主要由快速访问工具栏、功能区、绘图窗口、命令提示窗口、视图导航和状态栏组成。

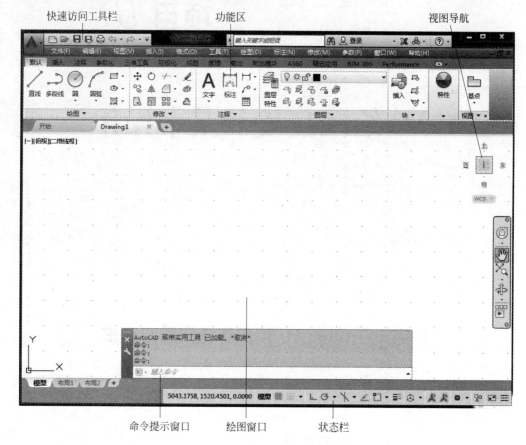

图 1-1　AutoCAD 2016 绘图界面

2. 新建及保存图形

（1）建立新图形文件，命令启动方法如下。

① 菜单命令："文件"→"新建"。

② 工具栏："快速访问"工具栏上的 ▯ 按钮。

③ ▲："新建"→"图形"。

④ 命令：NEW。

执行新建图形命令，打开"选择样板"对话框，如图 1-2 所示。在该对话框中，用户可选择样板文件或基于公制、英制的测量系统，创建新图形。单击"打开"按钮，即使用默认设置，创建新文件。

（2）保存图形文件，将图形文件存入硬盘时，一般采取两种方式："保存""另存为"。命令启动方法如下。

① 菜单命令："文件"→"保存"或"另存为"。

② 工具栏："快速访问"工具栏上的 ▯ 或 ▯ 按钮。

图 1-2 "选择样板"对话框

③ : "保存"或"另存为"。

④ 命令: QSAVE 或 SAVEAS。

执行"保存"命令后,若当前图形文件名是默认名且是第一次存储文件时,则弹出"图形另存为"对话框,在该对话框中用户可指定文件的存储位置、输入新文件名及文件类型。若不是第一次,系统将当前图形文件以原文件名直接存入硬盘,而不会给用户任何提示。

执行"另存为"命令后,将弹出"图形另存为"对话框。用户可在该对话框的"文件名"文本框中输入新文件名,并可在"保存于"及"文件类型"下拉列表中分别设定文件的存储路径和类型。

3. 调用命令

执行 AutoCAD 命令的方法一般有两种: 一种是在命令行中输入命令全称或简称,另一种是用鼠标选择一个菜单命令或单击面板中的命令按钮。

(1) 使用键盘执行命令

在命令行中输入命令全称或简称就可以使系统执行相应的命令。

一个典型的命令,画多边形如下。

命令: _polygon   //输入命令全称 polygon 或简称 pol,按 Enter 键
输入侧面数 < 4 >: 5   //输入多边形的边数
指定正多边形的中心点或 [边(E)]:90,100   //输入中心点的 x、y 坐标,按 Enter 键
输入选项 [内接于圆(I)/外切于圆(C)] < I >:   //按 Enter 键
指定圆的半径:70   //输入圆的半径,按 Enter 键

① 方括号"[]"中以"/"隔开的内容表示各个选项。若要选择某个选项,则需输入圆括号中的大写字母,可以是大写形式,也可以是小写形式。例如,想外切于圆画多边形,就

输入 C,再按 Enter 键。

② 尖括号"<>"中的内容是当前默认值。AutoCAD 的命令执行过程是交互式的,当用户输入命令后,需按 Enter 键确认,系统才执行该命令。在执行过程中,系统有时要等待用户输入必要的绘图参数,如输入命令选项、点的坐标或其他几何数据等,输入完成后,也要按 Enter 键,系统才能继续执行下一步操作。

（2）利用鼠标执行命令

用鼠标选择一个菜单命令或单击面板上的命令按钮,系统就执行相应的命令。利用 AutoCAD 绘图时,用户多数情况下是通过鼠标执行命令的。

① 左键:拾取键,用于单击工具栏上的按钮及选取菜单选项以执行命令,也可在绘图过程中指定点和选择图形对象等。

② 右键:一般作为 Enter 键使用,命令执行完成后,常右击来结束命令,在有些情况下,右击将弹出快捷菜单,该菜单上有"确认"选项。

③ 滚轮:转动滚轮,将放大或缩小图形,默认情况下,缩放增量为 10%。按住滚轮并拖动鼠标,则平移图形。

4. 选择对象的常用方法

默认情况下,用户可以通过鼠标左键单击对象,或者通过使用窗口或窗交 3 种方法来选择对象。

（1）窗口、窗交选择方式

窗口或窗交方式时,如要指定矩形选择区域,需单击后释放鼠标按钮,然后移动光标并再次单击。如要创建套索选择,则单击并拖动再释放鼠标按钮,如图 1-3 所示。

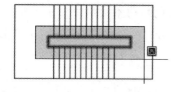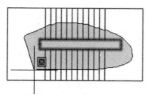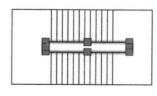

图 1-3 矩形选择、套索选择、窗口选择结果

图 1-3 都是从左到右拖动光标,称为窗口选择,选择框为实线,以选择完全封闭在选择矩形或套索中的所有对象,选择结果如图 1-3 所示,被选择的图形元素均显示其关键点。

如果从右到左拖动光标,则称为窗交选择,选择框为虚线,不仅会选择完全封闭在选择矩形或套索中的所有对象,与矩形或套索相交的所有对象也会被选中,如图 1-4 所示。

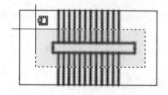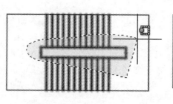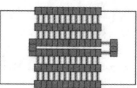

图 1-4 矩形选择、套索选择、窗交选择结果

（2）取消已选对象

编辑过程中，用户选择图形对象常常不能一次完成，需多次添加或去除选择对象。若需去除某些已选对象时，可先按住 Shift 键，再操作选择，则会取消已选图形元素。按 Esc 键将取消选择所有对象。

5．删除对象

ERASE 命令用来删除图形对象，该命令没有任何选项。要删除一个对象，用户可以用鼠标先选择该对象，然后单击"修改"面板上的 ✎ 按钮，或输入命令 ERASE（简称 E）。也可先执行删除命令，再选择要删除的对象。

6．撤销和重复命令

执行某个命令后，用户可随时按 Esc 键终止该命令。此时，系统又返回到命令行。

用户经常遇到在图形区域内偶然选择了图形对象，该对象上出现了一些高亮的小框，这些小框称为关键点，可用于编辑对象，要取消这些关键点的显示，按 Esc 键即可。

在绘图过程中，用户会经常重复使用某个命令，重复刚使用过的命令的方法是直接按 Enter 键。

7．取消已执行的操作

在使用 AutoCAD 绘图的过程中，不可避免地会出现各种各样的错误，用户要修正这些错误可使用 UNDO 命令或单击"快速访问"工具栏上的 ↶ 按钮。如果想要取消前面执行的多个操作，可反复使用 UNDO 命令或反复单击 ↶ 按钮，或者单击右侧 · 打开下拉菜单，选择具体取消到哪步操作。

当取消一个或多个操作后，若又想恢复原来的效果，用户可使用 MREDO 命令或单击"快速访问"工具栏上的 ↷ 按钮。

8．利用矩形窗口放大视图及返回上一次的显示

在绘图过程中，用户经常要将图形的局部区域放大，以方便绘图。绘制完成后，又要返回上一次的显示，以观察图形的整体效果。

通过"视图"选项卡中"导航"面板上的 按钮（该按钮在 下拉列表中）放大窗口限定局部区域。

通过"视图"选项卡中"导航"面板上的 按钮（该按钮在 下拉列表中）返回上一次的显示。

9．将图形全部显示在窗口中

绘图过程中，有时需将图形全部显示在程序窗口中。要实现这个操作，可单击"视图"选项卡中"导航"面板上的 按钮（该按钮在 下拉列表中）。

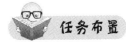
任务布置

认识 AutoCAD 2016 界面各部分组成；利用 AutoCAD 提供的样板文件 Acad.dwt 创建新文件，以"建筑图"为文件名，存在 D 盘根目录下。

1. 熟悉 AutoCAD 用户界面操作

（1）单击程序窗口左上角的 ▲ 图标，弹出下拉菜单，该菜单包含"新建""打开"及"保存"等常用选项，右侧显示最近使用的文件。

（2）单击"快速访问"工具栏上的 ▼ 按钮，选择"显示菜单栏"选项，显示 AutoCAD 主菜单，执行菜单命令"工具"→"选项板"→"功能区"，关闭"功能区"。再次执行菜单命令"工具"→"选项板"→"功能区"，则又打开"功能区"。单击"功能区"中"默认"选项卡"绘图"面板上的 ▼ 按钮，展开该面板。再单击 回 按钮，固定面板。

（3）执行菜单命令"工具"→"工具栏"→"AutoCAD"→"绘图"，打开"绘图"工具栏，如图 1-5 所示。用户可移动工具栏，将鼠标指针移动到工具栏边缘处，按下左键并移动鼠标，工具栏就随鼠标指针移动。

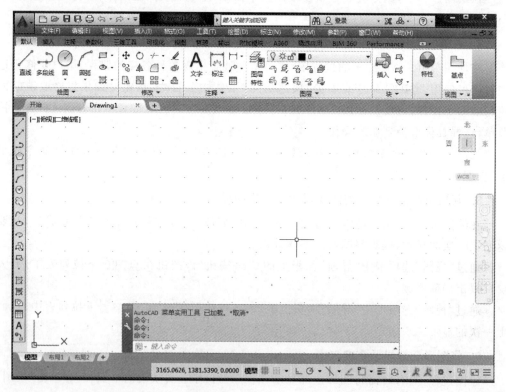

图 1-5　打开"绘图"工具栏

（4）在任一选项卡上右击，弹出快捷菜单，选择"显示选项卡"→"注释"选项，关闭"注释"选项卡。

（5）单击功能区中的"参数化"选项卡，展开"参数化"选项卡。在该选项卡的任一面板上右击，弹出快捷菜单，选择"显示面板"→"管理"选项，关闭"管理"面板。

（6）单击功能区顶部  左侧的 按钮，收拢功能区，仅显示面板的符号和文字标签，再次单击该按钮，仅显示面板文字标签，再次单击该按钮，面板的文字标签消失，此时按钮变为 ，继续单击该按钮，展开功能区。单击右侧的 按钮，打开菜单，可对功能区面板显示方式进行选择。

（7）在任一选项卡标签上右击，选择"浮动"选项，则功能区位置变为可动。将鼠标指针放在功能区的标题栏上，按住鼠标左键移动鼠标，改变功能区的位置。若已将功能区关闭，可单击"工具"菜单→"选项板"→"功能区"再次打开。

（8）绘图窗口是用户绘图的工作区域，该区域无限大，其左下方有一个表示坐标系的图标，图标中的箭头分别指示 X 轴和 Y 轴的正方向。在绘图区域中移动鼠标指针，状态栏上将显示指针点的坐标读数。单击该坐标区可改变坐标的显示方式。

（9）AutoCAD 提供了两种绘图环境：模型空间及图纸空间。单击绘图窗口下部的 布局1 按钮，切换到图纸空间。单击 模型 按钮，切换到模型空间。默认情况下，AutoCAD 的绘图环境是模型空间，用户在这里按实际尺寸绘制二维或三维图形。图纸空间提供了一张虚拟图纸（与手工绘图时的图纸类似），用户可在这张图纸上将模型空间的图样按不同缩放比例布置在图纸上。

（10）AutoCAD 绘图环境的组成一般称为工作空间，单击状态上的 图标，弹出快捷菜单，菜单中的"草图与注释"选项被勾选，表明现在处于"草图与注释"工作空间。也可勾选其他项，进行工作空间版本的切换。

（11）命令提示窗口位于 AutoCAD 程序窗口的底部，用户输入的命令、系统的提示信息等都反映在此窗口中。将鼠标指针放在窗口的上边缘，鼠标指针变成双向箭头，按住左键向上拖动鼠标就可以增加命令窗口显示的行数。按 F2 键将打开命令提示历史记录，再次按 F2 键关闭。

（12）单击状态栏右侧的 按钮，打开菜单，通过勾选和取消勾选，可对状态栏内容的显示进行设置。

（13）绘图窗口右上角的视图导航可快速切换绘图视角，左上角显示当前视图方位，默认视图为 [-][俯视][二维线框]，单击导航上的"北"按钮，则切换到 [-][后视][二维线框]，鼠标移到导航上，按住鼠标左键拖动，视图将会跟随鼠标旋转变换视角方位。右击选择"主页"，再单击"上"可快速切换回俯视视角。

2.新建及保存操作

单击"快速访问"工具栏上的 按钮，弹出"选择样板"对话框，单击"打开"按钮，即使用默认设置，创建新文件。单击"快速访问"工具栏上的 按钮，将保存于切换到 D 盘，文件名修改为"建筑图"，选定文件类型，单击"保存"按钮。

知识拓展

习惯使用 AutoCAD 经典模式的人，一开始很难适应 AutoCAD 2016，可进行如下操作建立经典模式的界面。

（1）打开 AutoCAD 2016，选择"显示菜单栏"，如图 1-6 所示。

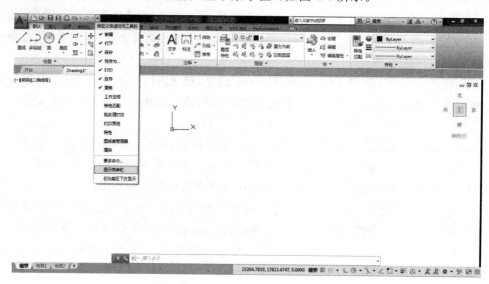

图 1-6   选择"显示菜单栏"

（2）在任意选项卡位置右击，出现快捷菜单，选择"关闭"，如图 1-7 所示。

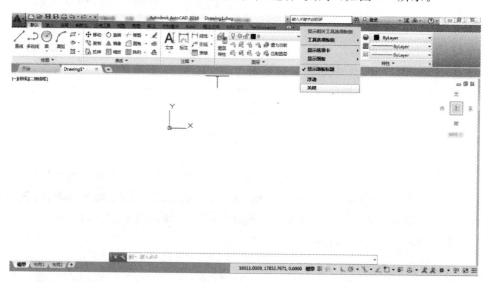

图 1-7   关闭选项卡

（3）单击菜单栏的"工具"→"工具栏"→AutoCAD→"图层""修改""对象捕捉""标准"……，如图 1-8 所示。

（4）把自己常用的工具箱调出来，即将工作空间变成旧版本熟悉的样式，如图 1-9 所示。

（5）单击右下角 ⚙ ▾ 按钮，单击"将当前工作空间另存为"选项，将其命名为"经典模式"，如图 1-10 所示。

图 1-8　打开"工具栏"菜单

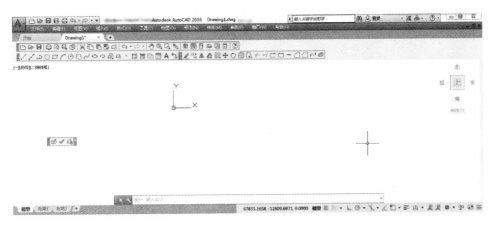

图 1-9　经典模式

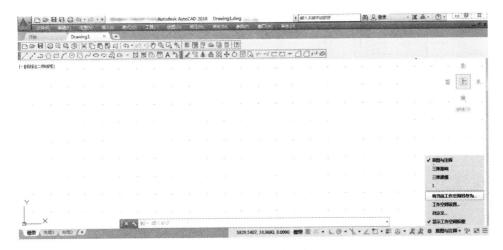

图 1-10　另存工作空间

（6）再次单击 ⚙ ▾ 按钮，可看到已保存"经典模式"，且为当前工作空间，也可进行其他工作空间的切换，如图 1-11 所示。

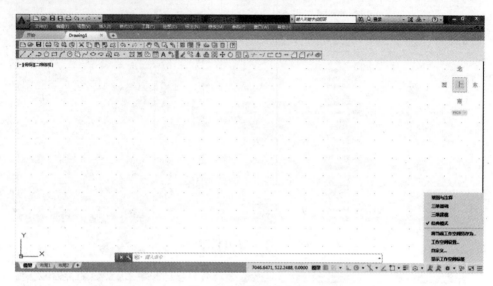

图 1-11　切换工作空间

　课后作业

打开素材文件 1-1.dwg 结合选择的不同方法，使用 ERASE 命令将左图改为右图。如图 1-12、图 1-13、图 1-14 所示。

本书素材文件获取方法见附录。

1. 用矩形窗口选择对象

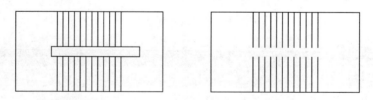

图 1-12　用矩形窗口选择对象

2. 用交叉窗口选择对象

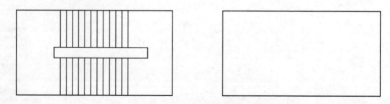

图 1-13　用交叉窗口选择对象

3. 添加或去除选择对象

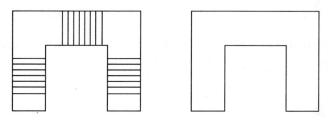

图 1-14 添加或去除选择对象

任务 2 设定绘图区域的大小

（1）理解绘图区域概念。

（2）掌握设定绘图区域大小的技巧。

AutoCAD 的绘图空间是无限大的,理论上,用户使用 AutoCAD 可绘制出任意大小的图形。在用户未设置绘图区域,而直接按尺寸绘制图形时,往往会出现图形显示很大或很小的状况,用放大、缩小命令也不能解决问题,给绘图带来麻烦。而绘图时,用户事先对绘图区域的大小进行设定,在程序窗口中可显示出绘图区域的大小,绘图时有助于了解图形分布的范围,而且在绘图过程中可随时缩放图形以控制其在屏幕上显示的效果。一般图形区域大小会设定为与所绘制图形总体尺寸相当。

1. 使用 LIMITS 命令设定绘图区域大小

LIMITS 命令可在绘图区域中设置不可见的矩形边界,该边界可以限制栅格显示并限制单击或输入点位置。栅格是点在矩形区域中按行、列形式分布形成的图案。当栅格在程序窗口中显示出来后,用户就可根据栅格分布的范围估算出当前绘图区域的大小。

2. 依据矩形的尺寸估计当前绘图区域的大小

将一个矩形充满整个程序窗口显示出来,依据矩形的尺寸就能轻易地估计出当前绘图区域的大小。

 任务布置

设定 A3 纸大小的绘图区域。A3 纸横向的尺寸为 420mm×297mm，所以绘图区域大小应设定为 420×297，AutoCAD 默认尺寸单位为 mm。

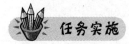 任务实施

1. 使用 LIMITS 命令设定绘图区域大小

（1）在命令提示区中完成下述对话。

命令：LIMITS
重新设置模型空间界限：
指定左下角点或 ［开(ON)/关(OFF)］＜0.0000,0.0000＞：　//单击 A 点
指定右上角点 ＜420.0000,297.0000＞：@420,297　//输入 B 点相对于 A 点的坐标，按 Enter 键

（2）在程序窗口中右击，在菜单中选择 缩放(Z) 出现 ，再右击，在菜单中选择 范围缩放 ，则当前绘图窗口长宽尺寸近似 420×297。

（3）将鼠标指针移到程序窗口下方的 按钮上，右击，单击"网格设置"打开"草图设置"对话框，取消对"显示超出界限的栅格"选项的选择，如图 1-15 所示。

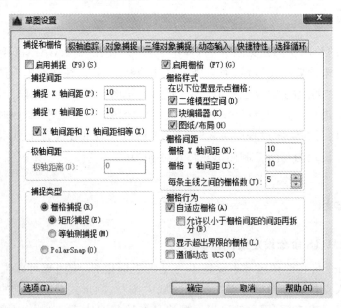

图 1-15　"草图设置"对话框

（4）单击 确定 按钮，关闭"草图设置"对话框，单击 按钮，打开栅格显示。在程序窗口中右击，在菜单中选择 缩放(Z) 出现 ，按住鼠标左键，向下拖动鼠标使矩形栅格缩小，结果如图 1-16 所示，该栅格的长宽尺寸为 420×297。

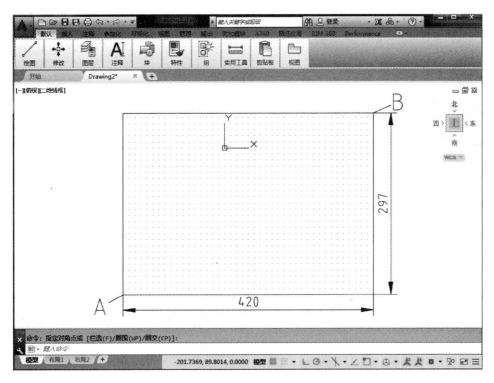

图 1-16　使用 LIMITS 命令设定绘图区域的大小

2. 依据矩形的尺寸估计当前绘图区域的大小

（1）单击"绘图"面板上的 ▭ 按钮，AutoCAD 提示如下。

命令：RECTANG 指定第一个角点或 ［倒角（C）/标　　　//单击 A 点，如图 1-16 所示
高（E）/圆角（F）/厚度（T）/宽度（W）］：
指定另一个角点或［面积（A）/尺寸（D）/旋转（R）］：　　//输入对角点，相对于 A 点的坐标，
@420,297　　　　　　　　　　　　　　　　　　　　　按 Enter 键

（2）在程序窗口中右击，在菜单中选择 🔍 缩放(Z) 出现 🔍 ，再右击，在菜单中选择
范围缩放 ，则当前绘图窗口长宽尺寸近似 420×297，如图 1-17 所示。

 **知识拓展**

LIMITS 命令还有打开（ON）或关闭（OFF）图幅界限检查功能。

ON 参数用于打开界限检查。当界限检查打开后，用户将无法指定栅格界限外的坐标点。OFF 参数用于关闭界限检查。

初学者需要注意 AutoCAD 对一个图形设置绘制范围的极限有着特殊意义：当极限检查处于打开（ON）状态时，用户所输入的所有坐标点都必须落在该"极限"范围内，否则将拒绝接受其输入值，从而避免在图纸外绘制图形。

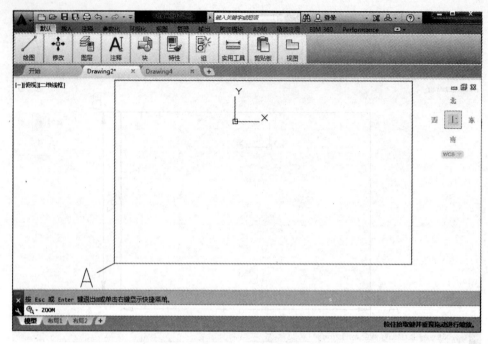

图 1-17   依据矩形尺寸设定绘图区域大小

设定绘图区域大小 1500×1200，只绘图区域内栅格显示，并进行范围缩放，使栅格充满整个图形窗口。

任务 3   设置图层、线型、线宽及颜色

（1）了解图层面板的功能。

（2）会利用图层管理器创建、设置图层。

（3）掌握图层状态的控制。

1. 了解图层

AutoCAD 图层是一张张透明的电子图纸，用户把各种类型的图形元素画在这些电

子图纸上,AutoCAD将它们叠加在一起显示。如图1-18所示,在图层A上绘制了建筑物的墙壁,在图层B上绘制了室内家具,在图层C上放置了建筑物内的电器设施,最终显示的结果是各层叠加的效果。

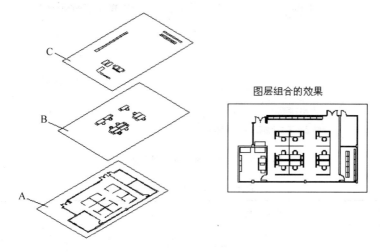

图 1-18　图层

图层是用户管理图样强有力的工具。用 AutoCAD 绘制建筑施工图时,常根据组成建筑物的结构元素划分图层,例如,建筑-轴线、建筑-柱网、建筑-墙线、建筑-门窗、建筑-楼梯、建筑-阳台、建筑-文字、建筑-尺寸。而各图层上的图形元素具有线型、线宽、颜色相同的特征,以便区分不同类型的图形元素。

AutoCAD 中"图层"面板如图 1-19 所示,包括"图层特性管理器"按钮、"图层控制"下拉列表、图层管理区的各按钮,可方便地进行图层的创建、设置及管理。

图 1-19　"图层"面板

2. 利用"图层特性管理器"创建及设置图层

利用图层特性管理器,可进行各图层新建、图层命名以及各图层上元素的颜色、线型、线宽等属性信息的设定或修改。单击"图层"面板上的"图层特性"按钮,可打开"图层特性管理器"对话框,如图 1-20 所示。

任务布置

创建和设置图层,见表1-1。

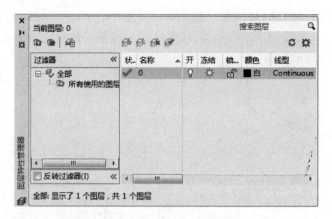

图 1-20　"图层特性管理器"对话框

表 1-1　创建和设置图层

图层名称	颜色(颜色号)	线　　型	线　　宽
建筑-墙线	白色(7)	实线 Continuous	0.60mm(粗实线用)
建筑-门窗	青色(4)	实线 Continuous	0.30mm(中实线用)
建筑-注释	红色(1)	实线 Continuous	0.15mm(细实线)
建筑-轴线	绿色(3)	点画线 ISO04W100	0.15mm
建筑-其他	黄色(2)	虚线 ISO02W100	0.15mm

 任务实施

1. 创建图层

在"图层特性管理器"对话框列表框中有个默认 0 层,再单击 ![按钮] 按钮,列表框中显示出名为"图层 1"的图层,输入"建筑-墙线",按 Enter 键结束。再次按 Enter 键则又开始创建新图层,结果如图 1-21 所示。命名后的图层按拼音首字母顺序进行自动排列,单击名称旁的三角,可顺序或逆序切换。

若在"图层特性管理器"对话框的列表中事先选择一个图层,然后单击 ![按钮] 按钮或按 Enter 键,则新图层与被选择的图层具有相同的颜色、线型及线宽。

2. 指定图层颜色

单击需要修改图层相关联的图标 ■白,此时将弹出"选择颜色"对话框,如图 1-22 所示,用户可在该对话框中选择所需的颜色。

3. 给图层分配线型

(1)"图层特性管理器"对话框中列表"线型"列中显示与图层相关联的线型,默认情况下,图层线型是 Continuous,即实线。单击 Continuous,弹出"选择线型"对话框,如图 1-23 所示,通过对话框,用户可以选择一种线型或从线型库文件中加载更多线型。

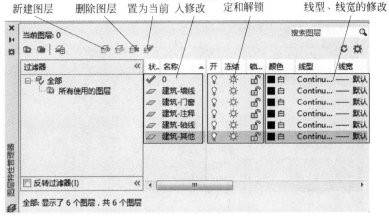

图 1-21　创建图层

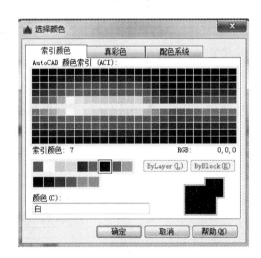

图 1-22　"选择颜色"对话框

图 1-23　"选择线型"对话框

（2）单击 加载(L)... 按钮，打开"加载或重载线型"对话框，如图1-24所示。该对话框列出了线型文件中包含的所有线型，用户在列表框中单击所需的线型，再单击 确定 按钮，该线型就会被加载到此 AutoCAD 图形文件中供选用。当前线型库文件是 acadiso.lin，单击 文件(F)... 按钮，可选择其他的线型库文件。

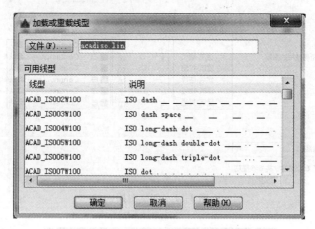

图1-24 "加载或重载线型"对话框

（3）加载完成所需线型的列表如图1-25所示，各图层选择对应线型即可。

4. 设定线宽

"图层特性管理器"对话框中列表"线宽"列中显示了与图层相关联的线宽，未设置时为默认线宽。选择 —— 默认，打开"线宽"对话框，如图1-26所示，通过该对话框，用户可为各图层设置相应线宽。

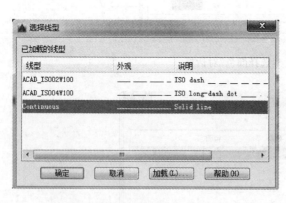

图1-25 已加载的线型列表

图1-26 "线宽"对话框

5. 图层创建及设置完成

图层创建完成如图1-27所示。

图 1-27 创建完成的图层列表

 知识拓展

用户可根据需要控制各图层状态,使编辑、绘制工作变得方便一些。图层状态主要包括打开与关闭、冻结与解冻、锁定与解锁、打印与不打印等,系统用不同形式的图标表示这些状态,通过单击这些图标可进行状态切换,如图 1-28 所示。

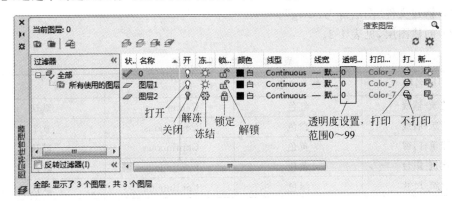

图 1-28 图层状态控制图标

下面对图层状态进行说明。

(1)关闭/打开:打开的图层可见,关闭的图层不可见,也不能被打印。当重新生成图形时,被关闭的图层也将一起被生成。

(2)冻结/解冻:解冻的图层是可见的;若冻结某个图层,则该层变为不可见,也不能被打印出来。当重新生成图形时,系统不再重新生成该层上的对象,因而冻结一些图层后,可以加快 ZOOM、PAN 等命令和许多其他操作的运行速度。

(3)锁定/解锁:被锁定的图层是可见的,但图层上的对象不能被编辑。但锁定的图层可以设置为当前层,并能向它添加图形对象。

(4)打印/不打印:图层的不打印设置只对图样中的可见图层(图层是打开的并且是解冻的)有效。指定某层不打印后,该图层上的对象仍会显示出来,但不能打印。若图层设为可打印但该层是冻结的或关闭的,也是不能打印。

除了利用"图层特性管理器"对话框控制图层状态外,还可通过"图层"面板上的"图层控制"下拉列表控制图层状态,如图 1-29 所示。

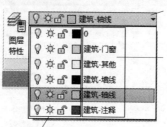

单击此处可打开 "图层" 下拉列表

(1) 图层置为当前操作:单击图层名,该图层将切换为当前层,新画的图形将添加在当前图层上。
(2) 图形对象修改层操作:先选择图形对象,再单击列表中的目标层,可将图形对象转移到目标层上,图形对象的特性将与目标层一致

单击图标可直接修改图层的状态、颜色

图 1-29　"图层控制"下拉列表

课后作业

根据要求创建图层、将图形对象修改到其他图层上、改变对象的颜色和控制图层状态等内容。

(1) 新建文件"图层练习.dwg"。

(2) 创建图层,见表 1-2。

表 1-2　创建和设置图层

图层名称	颜　色	线　型	线　宽
建筑-轴线	红色	Center	默认
建筑-墙线	白色	Continuous	0.7
建筑-门窗	黄色	Continuous	默认
建筑-阳台	黄色	Continuous	默认
建筑-尺寸	绿色	Continuous	默认

(3) 将建筑平面图中的墙体线、轴线、门窗线、阳台线及尺寸标注分别修改到对应的图层上。

(4) 将"建筑-尺寸"及"建筑-轴线"图层修改为蓝色。

(5) 关闭"建筑-尺寸"图层,冻结"建筑-门窗"图层。

任务 4　输几点的坐标画线

教学目标

掌握输入点的坐标画线。

执行 LINE 画线命令后,AutoCAD 提示用户指定线段的端点,方法之一是输入点的坐标值。

默认情况下,绘图窗口的坐标系统是世界坐标系,在俯视状态下,该坐标系 X 轴是水平的,Y 轴则是竖直的,Z 轴则垂直于屏幕,正方向指向屏幕外。

当进行二维绘图时,只需在 XY 平面内指定点的位置。点位置的坐标表示方式有绝对直角坐标、绝对极坐标、相对直角坐标、相对极坐标等。绝对坐标值是相对于原点的坐标值,而相对坐标值则是相对于另一个几何点的坐标值。下面说明如何输入点的绝对坐标或相对坐标。

1. 输入点的绝对直角坐标、绝对极坐标

绝对直角坐标的输入格式为"x,y"。两坐标值之间用","分隔开,例如,($-50,20$),($40,60$)分别表示图 1-30 中的 A、B 点。注意","为英文逗号。

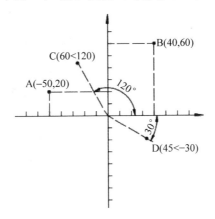

图 1-30　点的绝对直角坐标和绝对极坐标

绝对极坐标的输入格式为"$R<\alpha$"。R 表示点到原点的距离,α 表示极轴方向与 X 轴正向间的夹角。若从 X 轴正向逆时针旋转到极轴方向,则 α 角为正,反之,α 角为负,例如,($60<120$)、($45<-30$)分别表示图 1-30 中的 C、D 点。

2. 输入点的相对直角坐标、相对极坐标

当知道某点与其他点的相对位置关系时可使用相对坐标。相对坐标与绝对坐标相比,仅仅是在坐标值前增加了一个符号"@"。

相对直角坐标的输入形式为"$@x,y$",相对极坐标的输入形式为"$@R<\alpha$"。AutoCAD 中的相对坐标是指相对上一次输入点。

 **任务布置**

已知 A 点的绝对坐标及图形尺寸,如图 1-31 所示,使用 LINE 命令绘制此图形。

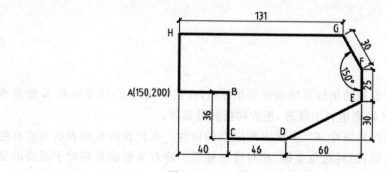

图 1-31   通过输入点的坐标画线

 **任务实施**

本任务的绘制步骤如下。

命令:LINE 指定第一个点:150,200   //输入 A 点的绝对坐标,如图 1-31 所示
指定下一点或[放弃(U)]:@40,0   //输入 B 点的相对直角坐标
指定下一点或[放弃(U)]:@0,−36   //输入 C 点的相对直角坐标
指定下一点或[闭合(C)/放弃(U)]:@46,0   //输入 D 点的相对直角坐标
指定下一点或[闭合(C)/放弃(U)]:@60,30   //输入 E 点的相对直角坐标
指定下一点或[闭合(C)/放弃(U)]:@0,25   //输入 F 点的相对直角坐标
指定下一点或[闭合(C)/放弃(U)]:@30<120   //输入 G 点的相对极坐标
指定下一点或[闭合(C)/放弃(U)]:@−131,0   //输入 H 点的相对直角坐标
指定下一点或[闭合(C)/放弃(U)]:c   //使线框闭合

 知识拓展

1. 球坐标与圆柱面坐标

这两种坐标的使用很少,它们的定义方式与数学上的球坐标与圆柱面坐标的定义方式相同。

2. 通用坐标

该坐标将使用一个星号(＊)来表示所指定的坐标点为世界坐标下的坐标点,而与当前用户定义的坐标系统无关。其使用格式如 ＊ 5,5,5、@ ＊ 5,5,5、@ ＊ 5<90。

 **课后作业**

利用点的坐标画线,如图 1-32 所示。

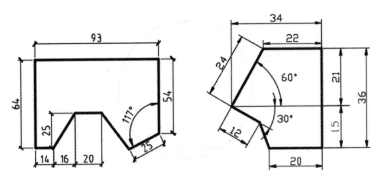

图 1-32　利用点的坐标画线

任务5　使用对象捕捉精确画线

会使用对象捕捉精确画线。

在绘图过程中,常常需要在一些特殊几何点间连线。例如,过圆心和线段的中点或端点画线等。在这种情况下,若不借助辅助工具,是很难直接、准确地拾取这些点的。用户可以在命令行中输入点的坐标值来精确定位点,但有些点的坐标值是很难计算出来的。为帮助用户快速、准确地拾取特殊几何点,系统提供了一系列的对象捕捉工具,这些工具包含在"对象捕捉"工具栏上。单击"工具"菜单→"工具栏"→AutoCAD→"对象捕捉",可打开该工具栏,如图 1-33 所示。

图 1-33　"对象捕捉"工具栏

1. 常用的对象捕捉方式

　　：建立临时追踪点,即建立一个极轴追踪的临时基点,而非现有端点、中点等,捕捉代号为 TT。用临时追踪点可提高画图效率。如图 1-34 所示,以在圆上画一条长度为10 的弦为例。

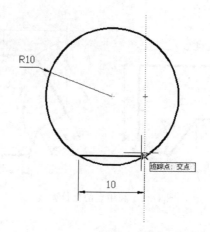

图 1-34   利用临时追踪点绘图

```
命令：_line
指定第一个点：tt                              //用鼠标找到圆心，往右拉出指引线
指定临时对象追踪点：5                          //输入数值 5，指定临时对象追踪点
指定第一个点：                                //再向下追踪，单击与圆的交点，作为弦的起点
指定下一点或［放弃(U)］：                      //再往左追踪，单击与圆的交点，作为弦的终点
指定下一点或［放弃(U)］：                      //按 Enter 键
```

  图中小加号即为临时追踪点，单击下一点或光标移动后即失效，可多次使用 TT 辅助画线。使用临时追踪点(TT)，可以不画辅助线，提高画图效率。

  ：正交偏移捕捉，该捕捉方式可使用户根据一个已知点定位另一个点，捕捉代号为 FROM。启动正交偏移捕捉后，命令行会提示选择基点，单击已知点为基点，然后输入下一个点偏移的相对坐标，按 Enter 键后，系统就会自动定位下一点。

  ：捕捉线段、圆弧等几何对象的端点，捕捉代号为 END。启动端点捕捉后，将光标移动到目标点附近，系统就会自动捕捉该点，然后再单击确认。

  ：捕捉线段、圆弧等几何对象的中点，捕捉代号为 MID。启动中点捕捉后，将光标放在线段、圆弧等几何对象上，几何对象中点处会出现一个小三角，然后单击即可自动捕捉。

  ：捕捉两个几何对象的交点，捕捉代号为 INT。启动交点捕捉后，将光标移动到两个几何对象的交点处附近，系统就会自动捕捉该点，单击即可捕捉。若两个对象没有直接相交，可先将光标放在其中一个对象上，单击，然后再将光标移动到另一个对象上，再单击，系统就会自动捕捉到它们的交点。

  ：在二维空间中与 的功能相同。使用该捕捉方式还可以在三维空间中捕捉两个对象的视图交点(在投影视图中显示相交，但实际上并不一定相交)，捕捉代号为 APP。

  ：捕捉延伸点，捕捉代号为 EXT。将光标由几何对象的端点开始移动，此时将沿该对象显示出捕捉辅助线及捕捉点的相对极坐标，输入捕捉距离后，系统会自动定位一个新点。

  ：捕捉圆、圆弧及椭圆的中心，捕捉代号为 CEN。启动中心捕捉后，将光标放在圆弧、椭圆等几何对象,系统就会自动捕捉这些对象的中心点,单击即可捕捉到。

◇:捕捉圆、圆弧和椭圆在0°、90°、180°、270°处的点(象限点),捕捉代号为QUA,启动象限点捕捉后,将光标的拾取框与圆、圆弧或椭圆相交,系统就会自动显示出距拾取框最近的象限点,单击确认。

○:在绘制相切的几何关系时,使用该捕捉方式可以捕捉切点,捕捉代号为TAN。启动切点捕捉后,将光标的拾取框与圆弧、椭圆等几何对象相交,系统就会自动显示出相切点,单击确认。

⊥:在绘制垂直的几何关系时,使用该捕捉方式可以捕捉垂足,捕捉代号为PER。启动垂足捕捉后,将光标的拾取框与线段、圆弧等几何对象相交,系统将会自动捕捉垂足点,单击确认。

∥:平行捕捉,可用于绘制平行线,捕捉代号为PAR。启动平行捕捉后,将光标移动到目标平行的线段上,此时该线段上将出现一个小的平行线符号,表示该线段已被选择,再移动光标到即将创建平行线的位置,此时将显示出平行线,输入该线段长度或单击一点,即可绘制出平行线。

○:捕捉点对象,捕捉代号为NOD,操作方法与端点捕捉类似。

╱:捕捉距离光标中心最近的几何对象上的点,捕捉代号为NEA,操作方法与端点捕捉类似。

两点之间的中点:捕捉两点间连线的中点,捕捉代号为M2P,使用这种捕捉方式时,先指定两个点,系统将会自动捕捉到这两点间连线的中点。

2. 三种调用对象捕捉功能的方法

(1)绘图过程中,当系统提示输入一个点时,可单击捕捉按钮或输入捕捉代号启动对象捕捉功能,然后将光标移动到捕捉的特征点附近,系统就会自动捕捉该点。

(2)启动对象捕捉功能的另一种方法是利用快捷菜单。执行命令后,按下Shift键并右击,弹出快捷菜单,如图1-35所示,通过此菜单可选择捕捉何种类型的点。

(3)前面所述的捕捉方式仅对当前操作有效,命令结束后,捕捉模式自动关闭,这种捕捉方式称为覆盖捕捉方式。除此之外,用户还可以采用自动捕捉方式来定位点,当激活此方式时,系统将根据事先设定的捕捉类型自动寻找几何对象上相应的点。设置及启动自动捕捉方式:单击状态栏上▦▦▼的小倒三角,弹出快捷菜单,选择"捕捉设置"选项,打开"草图设置"对话框,在该对话框的"对象捕捉"选项卡中设置捕捉点的类型,并勾选"启用对象捕捉"和"启用对象捕捉追踪",如图1-36所示,单击"确定"按钮,关闭对话框,即激活自动捕捉方式。

图1-35　快捷菜单

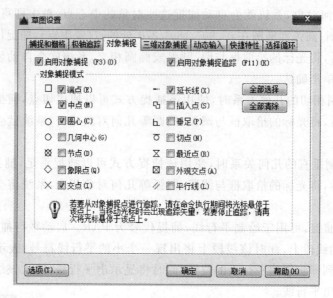

图 1-36　设置捕捉点的类型

打开素材文件 1-2. dwg，如图 1-37(a)所示，使用 LINE 命令将图 1-37(a)修改为图 1-37(b)。

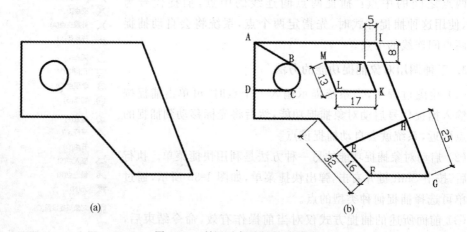

(a)　　　　　　　　　　　　　　　　(b)

图 1-37　利用对象捕捉精确画线

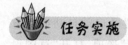

此图多边形里面的线段、平行四边形的绘制必须利用对象捕捉功能才能完成。
本任务操作过程如下。

命令:_line　　　　　　　　　　　　//单击"绘图"面板上 ⟋ 按钮
指定第一个点: int 于　　　　　　　　//输入交点代号 int 并按 Enter 键，将光标移动到 A

	点处单击
指定下一点或［放弃(U)］：tan 到	//输入切点代号 tan 并按 Enter 键,将光标移动到 B 点附近单击
指定下一点或［放弃(U)］：	//按 Enter 键结束命令
命令：	//按 Enter 键重复命令
LINE 指定第一个点：qua 于	//输入象限点代号 qua 并按 Enter 键,将光标移动到 C 点附近单击
指定下一点或［放弃(U)］：per 到	//输入垂足代号 per 并按 Enter 键,使光标拾取框与线段 AD 相交,系统显示垂足 D,单击
指定下一点或［放弃(U)］：	//按 Enter 键结束命令
命令：	//按 Enter 键重复命令
LINE 指定第一个点：mid 于	//输入中点代号 mid 并按 Enter 键,使光标拾取框与线段 EF 相交,系统显示中点 E,单击
指定下一点或［放弃(U)］：ext 于 25	//输入延伸点代号 ext 并按 Enter 键,将光标移动到 G 点附近,系统自动沿线段进行追踪
指定下一点或［放弃(U)］：	//按 Enter 键结束命令
命令：	//按 Enter 键重复命令
LINE 指定第一个点：from	//输入正交偏移代号 from 并按 Enter 键
基点：<偏移>：@－5,－8	//输入 J 点相对于 I 点的坐标
指定下一点或［放弃(U)］：_par 到 17	//将光从线段 AI 处移到 JM 处,输入 JM 的长度
指定下一点或［放弃(U)］：_par 到 13	//将光从线段 IG 处移到 LM 处,输入 LM 的长度
指定下一点或［闭合(C)/放弃(U)］：_par 到 17	//将光从线段 AI 处移到 LK 处,输入 LK 的长度
指定下一点或［闭合(C)/放弃(U)］：c	//使线框闭合

知识拓展

单击状态栏上的 ⌊ 按钮激活正交模式,在正交模式下光标只能沿水平或竖直方向移动。画线时若同时激活该模式,则只需输入线段的长度值,系统就会自动画出水平或竖直的线段。以画图 1-38 所示图形为例,使用 LINE 命令并结合正交模式画线。

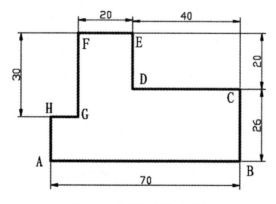

图 1-38 激活正交模式画线

命令：_line	
指定第一个点：<正交 开>	//拾取 A 点并激活正交模式,将光标向右移动
指定下一点或［放弃(U)］：70	//输入线段 AB 的长度

指定下一点或 [放弃(U)]: 26	//光标上移,输入线段 BC 的长度
指定下一点或 [闭合(C)/放弃(U)]: 40	//光标左移,输入线段 CD 的长度
指定下一点或 [闭合(C)/放弃(U)]: 20	//光标上移,输入线段 DE 的长度
指定下一点或 [闭合(C)/放弃(U)]: 20	//光标左移,输入线段 EF 的长度
指定下一点或 [闭合(C)/放弃(U)]: 30	//光标下移,输入线段 FG 的长度
指定下一点或 [闭合(C)/放弃(U)]: 10	//光标左移,输入线段 GH 的长度
指定下一点或 [闭合(C)/放弃(U)]: c	//使线框闭合

课后作业

利用 LINE 命令及点的坐标、对象捕捉绘制平面图形,如图 1-39 所示。

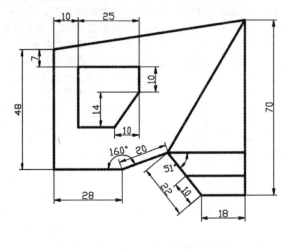

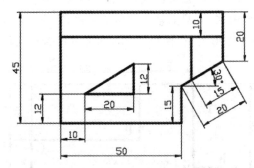

图 1-39   利用 LINE 命令及点的坐标、对象捕捉画线

任务 6   使用极轴追踪及自动追踪功能画线

教学目标

使用极轴追踪及自动追踪功能画线。

在绘图过程中,主要工作都是围绕几何图形展开的,而多数平面图形都是由直线、圆和圆弧等基本图形元素组成的。人们手工绘图时,常常使用丁字尺、三角板、分规和圆规等辅助工具画出这些基本对象,并以此为基础完成更为复杂的设计任务。AutoCAD作图与此类似,首先应该掌握 AutoCAD 中基本的作图命令,如 LINE、CIRCLE、OFFSET和 TRIM 等,还要学会使用极轴追踪、对象捕捉及自动追踪等功能画线。

要打开或关闭极轴追踪,在执行操作时按住 F10 键或单击状态栏上的"极轴追踪" ⟳ 按钮。

1. 极轴追踪

(1) 指定极轴角度(极轴追踪)

可以使用极轴追踪沿着 90°、60°、45°、30°、22.5°、18°、15°、10°和 5°的极轴角度增量进行追踪,也可以指定其他角度。如图 1-40 所示,显示了当极轴角增量设定为 30°,光标移动时自动追踪 30°倍数方向而显示的对齐路径。

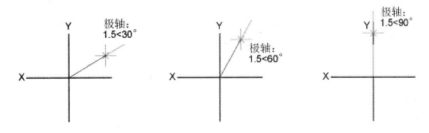

图 1-40 增量角为 30°时的极轴追踪

(2) 指定极轴距离(PolarSnap)

使用 PolarSnap,光标将沿极轴追踪角度按增量距离进行移动。例如,如果指定 4 个单位的距离,光标将自指定的第一点捕捉 0、4、8、12、16 距离,等等。移动光标时,工具提示将显示最接近的 PolarSnap 增量。必须在"极轴追踪"和"捕捉"模式(设定为PolarSnap)同时打开的情况下,才能将点输入限制为极轴距离。

注意:"正交"模式和极轴追踪不能同时打开。同样,PolarSnap 和栅格捕捉也不能同时打开。

2. 自动追踪

自动追踪是指从某个点开始自动沿某一方向进行追踪,追踪方向上将显示一条追踪辅助线及光标点的极坐标值,输入追踪距离,按 Enter 键,就确定了新的点。在使用自动追踪功能时,必须激活对象捕捉功能。即首先捕捉一个几何点作为追踪参考点,然后沿水平、竖直方向或设定的极轴方向进行追踪,如图 1-41 所示。

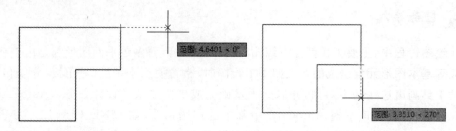

图 1-41　自动追踪

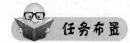

打开素材文件 1-3.dwg,如图 1-42 所示。使用 LINE 命令并结合极轴追踪、对象捕捉及自动追踪功能将图 1-42(a)修改为图 1-42(b)。

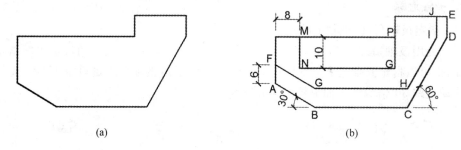

(a)　　　　　　　　　　(b)

图 1-42　修改图形

(1) 打开极轴追踪、对象捕捉及自动追踪功能。设置极轴追踪角度增量为 30°,设定对象捕捉方式为端点、交点,设置沿所有极轴角进行自动追踪。

(2) 绘图操作过程如下。

命令:_line 指定第一个点:6　　　//单击"绘图"面板上的 ∠ 按钮,以 A 点为追踪参考点向上追踪,输入追踪距离并按 Enter 键

指定下一点或 [放弃(U)]:　　　//从 F 点沿−30°追踪,再在 B 点建立追踪参考点以确定 G 点

指定下一点或 [放弃(U)]:　　　//从 G 点向右追踪,再在 C 点建立追踪参考点以确定 H 点

指定下一点或 [闭合(C)/放弃(U)]://从 H 点沿 60°追踪,再在 D 点建立追踪参考点以确定 I 点

指定下一点或 [闭合(C)/放弃(U)]://从 I 点向上追踪并捕捉交点 J 点

指定下一点或 [闭合(C)/放弃(U)]://按 Enter 键结束命令

命令:　　　　　　　　　　//单击"绘图"面板上的 ∠ 按钮

_line 指定第一个点:8　　　　//从左上角点向右追踪,输入追踪距离并按 Enter 键

指定下一点或 [放弃(U)]:10　//从 M 点向下追踪,输入追踪距离并按 Enter 键

指定下一点或 [放弃(U)]:　　//从 N 点向右追踪,再在 P 点建立追踪参考点以确定 G 点

指定下一点或 [闭合(C)/放弃(U)]://从 O 点向上追踪并捕捉交点 P

指定下一点或［闭合(C)/放弃(U)］：//按 Enter 键结束命令

 知识拓展

1. 设定极轴追踪角度的步骤与方法

（1）在状态栏的 ☺ 上右击。

（2）从显示的菜单中，单击"追踪设置"按钮。

（3）在"草图设置"对话框中的"极轴追踪"选项卡上，选择"启用极轴追踪"。

（4）在"增量角"列表中，选择极轴追踪角度。

（5）要设定附加追踪角度，选择"附加角"，单击"新建"按钮，在文本框输入角度值。

（6）单击"确定"按钮。

（7）在状态栏的 ☺ 上右击。单击可用角度或设定附加追踪角度。

2. 设定极轴捕捉距离的步骤

（1）依次单击"工具"菜单→"草图设置"。

（2）在"草图设置"对话框的"捕捉和栅格"选项卡上，选择"启用捕捉"。

（3）在"捕捉类型"中，选择 PolarSnap。

（4）在"极轴间距"下，输入极轴距离。

（5）在"极轴追踪"选项卡上，选择"启用极轴追踪"。

（6）从"增量角"列表中选择角度。也可以通过选择"附加角"，然后选择"新建"来指定附加角。

 课后作业

使用 LINE 命令、极轴追踪绘图，如图 1-43 所示。

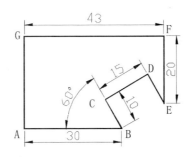

图 1-43 使用 LINE 命令、极轴追踪绘图

项目

AutoCAD 绘图操作

设计中的主要工作都是围绕几何图形展开的,熟练地利用 AutoCAD 软件绘制平面图形是顺利工作的一个重要条件,因而用户需掌握 AutoCAD 中的一些绘图操作及技巧。

任务 1　绘制平行线、延伸线条及剪断线条

 **教学目标**

(1) 用 OFFSET 命令绘制平行线。
(2) 利用延伸及修剪命令编辑线条。

 **任务导入**

在绘图过程中,有些线段的尺寸未知,不能用 LINE 命令直接绘制,可通过绘制平行线、延伸线条或剪断线条而得。

 相关知识

1. 用 OFFSET 命令绘制平行线

在绘图过程中,平行线除了可以使用对象捕捉来作图,还可以使用 OFFSET 命令绘制。OFFSET 命令可以将对象偏移指定的距离,创建一个与原对象类似的新对象,其操作对象包括线段、圆、圆弧、多段线、椭圆、构造线和样条曲线等。

(1) 命令启动方法
① 菜单命令:"修改"菜单栏→"偏移"。

② 面板：单击"常用"选项卡下"修改"面板上的 按钮。

③ 命令：OFFSET 或简写 O。

（2）命令选项

① 指定偏移距离：输入偏移距离，偏移原始对象，产生新对象。

② 通过（T）：通过指定点创建新的偏移对象。

③ 删除（E）：偏移对象后将原对象删除。

④ 图层（L）：将偏移后的新对象放置在当前图层或原对象所在的图层上。

⑤ 多个（M）：在要偏移的一侧单击多次，即可创建出多个等距对象。

2. 利用延伸命令编辑线条

利用 EXTEND 命令可以将线段、曲线等对象延伸到一个边界对象上，使其与边界对象相交。有时边界对象可能是隐含边界，即延伸对象而形成的边界，这时对象延伸后并不与实体直接相交，而是与边界的隐含部分（延长线）相交。

（1）命令启动方法

① 菜单命令："修改"菜单栏→"延伸"。

② 面板：单击"常用"选项卡下"修改"面板上的 按钮。

③ 命令：EXTERND 或简写 EX。

（2）命令选项

① 按住 Shift 键选择要修剪的对象：将选择的对象修剪到边界而不是将其延伸。

② 选栏（F）：绘制连续折线，与折线相交的对象将被延伸。

③ 窗交（C）：利用交叉窗口选择对象。

④ 投影（P）：通过该选项指定延伸操作的空间。对于二维绘图来说，延伸操作是在当前用户坐标平面（XY 平面）内进行的。在三维空间作图时，可通过单击该选项将两个交叉对象投影到 XY 平面或当前视图平面内执行延伸操作。

⑤ 边（E）：通过该选项控制是否把对象延伸到隐含边界。当边界边太短，延伸对象后不能与其直接相交（如图 2-1 所示的边界边 C）时，打开该选项，此时系统假想将边界边延长，然后使延伸边伸长到与边界边相交的位置。

图 2-1　延伸线段

⑥ 放弃（U）：取消上一次的操作。

3. 利用修剪命令编辑线条

绘图过程中常有许多线条交织在一起，若想将线条的某一部分修剪掉，可使用 TRIM 命令。执行该命令后，系统提示用户指定一个或几个对象作为剪切边，然后选择被剪掉的部分。剪切边可以是线段、圆弧和样条曲线等对象，剪切边本身也可作为被修剪的对象。

（1）命令启动方法

① 菜单命令："修改"菜单栏→"修剪"。

② 面板：单击"常用"选项卡下"修改"面板上的 ⊬ 按钮。

③ 命令：TRIM 或简写 TR。

（2）命令选项

① 按住 Shift 键选择要延伸的对象：将选定的对象延伸至剪切边。

② 选栏（F）：绘制连续折线，与折线相交的对象将被修剪掉。

③ 窗交（C）：利用交叉窗口选择对象。

④ 投影（P）：通过该选项指定执行修剪的空间。例如，如果三维空间中的两条线段呈交叉关系，那么可以利用该选项假想将其投影到某一平面上进行修剪操作。

⑤ 边（E）：选取此选项，AutoCAD 提示如下。

输入隐含边延伸模式[延伸（E）/不延伸（N）]<不延伸>:

⑥ 延伸（E）：如果剪切边太短，没有与被修剪对象相交，那么系统会假想将剪切边延长，然后执行修剪操作，如图 2-2 所示。

图 2-2　使用"延伸（E）"选项完成修剪操作及修剪结果

⑦ 不延伸（N）：只有当剪切边与被剪切对象实际相交时才进行修剪。

⑧ 放弃（U）：取消上一次的操作。

 任务布置

打开素材文件 2-1.dwg，如图 2-3（a）所示，使用 OFFSET 命令将图 2-3（a）修改为图 2-3（b）。

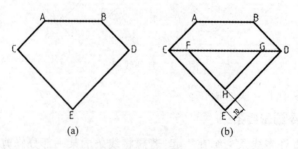

图 2-3　修改图形

任务实施

(1) 使用 OFFSET 偏移命令,分别画出 AB、CE、DE 的平行线 FG、FH、GH 所在直线,如图 2-4 所示。

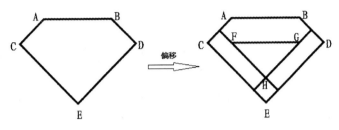

图 2-4　偏移直线

命令:_offse	//绘制与 CE 和 DE 平行的线段
指定偏移距离或〔通过(T)/删除(E)/图层(L)〕<通过>:10	//输入平行线间的距离
选择要偏移的对象,或〔退出(E)/放弃(U)〕<退出>:	//选择线段 CE
指定要偏移的那一侧上的点,或〔退出(E)/多个(M)/放弃(U)〕<退出>:	//在线段 CE 右侧单击一点
选择要偏移的对象,或〔退出(E)/放弃(U)〕<退出>:	//选择线段 DE
指定要偏移的那一侧上的点,或〔退出(E)/多个(M)/放弃(U)〕<退出>:	//在线段 DE 左侧单击一点
选择要偏移的对象,或〔退出(E)/放弃(U)〕<退出>:	//按 Enter 键结束命令
命令:OFFSET	//按 Enter 键重复命令
指定偏移距离或〔通过(T)/删除(E)/图层(L)〕<10.0000>:t	//选取"通过(T)"选项
选择要偏移的对象,或〔退出(E)/放弃(U)〕<退出>:	//选择线段 AB
指定通过点或〔退出(E)/多个(M)/放弃(U)〕<退出>:	//捕捉平行线通过的点 C 点或者 D 点
选择要偏移的对象,或〔退出(E)/放弃(U)〕<退出>:	//按 Enter 键重复命令

(2) 使用 EXTEND 命令延伸对象 FG 到 C 点、D 点,如图 2-5 所示。

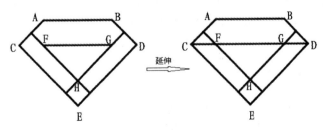

图 2-5　延伸直线

命令: _extend	//单击"修改"面板上的 ⟶ 按钮
当前设置:投影=UCS,边=无	
选择边界的边…	
选择对象或 <全部选择>:找到 1 个	//拾取线段 CE
选择对象:找到 1 个,总计 2 个	//拾取线段 DE
选择对象:	//按 Enter 键结束选择
选择要延伸的对象,或按住 Shift 键选择要修剪的对象,或[栏选(F)/窗交(C)/投影(P)/边(E)/放弃(U)]:	//单击 FG 线段上靠 F 端的一点延长 GF 到 C 点
选择要延伸的对象,或按住 Shift 键选择要修剪的对象,或[栏选(F)/窗交(C)/投影(P)/边(E)/放弃(U)]:	//单击 FG 线段上靠 G 端的一点延长 FG 到 D 点
选择要延伸的对象,或按住 Shift 键选择要修剪的对象,或[栏选(F)/窗交(C)/投影(P)/边(E)/放弃(U)]:	//按 Enter 键结束命令

(3) 使用 TRIM 修剪命令,剪掉多余的对象,如图 2-6 所示。

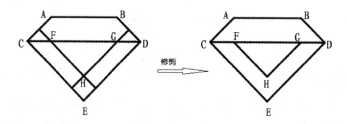

图 2-6　修剪直线

命令: _trim	//单击"修改"面板上的 ⟶ 按钮
选择剪切边…	
选择对象或 <全部选择>:找到 1 个	//选择剪切边 CD
选择对象:找到 1 个,总计 2 个	//选择剪切边 FH
选择对象:找到 1 个,总计 3 个	//选择剪切边 GH
选择对象:	//按 Enter 键结束选择
选择要修剪的对象,或按住 Shift 键选择要延伸的对象,或[栏选(F)/窗交(C)/投影(P)/边(E)/删除(R)/放弃(U)]:	//选择被修剪的对象
选择要修剪的对象,或按住 Shift 键选择要延伸的对象,或[栏选(F)/窗交(C)/投影(P)/边(E)/删除(R)/放弃(U)]:	//选择其他被修剪的对象
选择要修剪的对象,或按住 Shift 键选择要延伸的对象,或[栏选(F)/窗交(C)/投影(P)/边(E)/删除(R)/放弃(U)]:	//选择其他被修剪的对象
选择要修剪的对象,或按住 Shift 键选择要延伸的对象,或[栏选(F)/窗交(C)/投影(P)/边(E)/删除(R)/放弃(U)]:	//选择其他被修剪的对象

选择要修剪的对象,或按住 Shift 键选择要延伸的对象,或[栏选(F)/窗交(C)/投影(P)/边(E)/删除(R)/放弃(U)]:　　　　　　　　　//按 Enter 键结束命令

知识拓展

使用 OFFSET 命令时,可以通过两种方式创建新线段,一种是输入平行线间的距离,另一种是指定新平行线通过的点。

1. 指定偏移距离

(1) 依次单击"常用"选项卡下"修改"面板上的 按钮。

(2) 指定偏移距离。可以输入值或使用定点设备,以通过两点确定距离。

(3) 选择要偏移的对象。

(4) 指定某个点以指示在原始对象的内部还是外部偏移对象。

2. 指定通过点

(1) 依次单击"常用"选项卡→"修改"面板→"偏移"。

(2) 输入 t(通过点)。

(3) 选择要偏移的对象。

(4) 指定偏移对象将要通过的点。

3. 使用 OFFSET 可偏移大多数几何对象

样条曲线和多段线在偏移距离大于可调整的距离时将自动进行修剪。

(1) 多段线在偏移距离大于可调整的距离时将自动进行修剪,如图 2-7 所示。

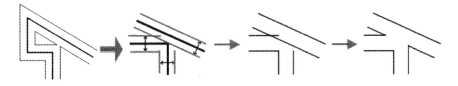

图 2-7　多段线偏移

(2) 样条曲线在偏移距离大于可调整的距离时将自动进行修剪,如图 2-8 所示。

图 2-8　样条曲线偏移

课后作业

使用 LINE、OFFSET 和 TRIM 命令绘制如图 2-9 所示图形。

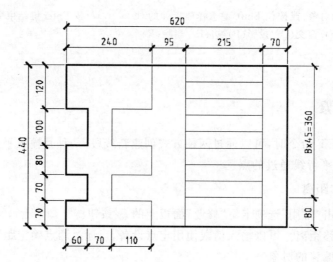

图 2-9　使用 LINE、OFFSET 和 TRIM 命令绘图

任务 2　绘制圆、圆弧连接及切线

教学目标

（1）用 CIRCLE 命令绘制圆及圆弧连接。

（2）利用 LINE 命令并结合切点捕捉 TAN 功能来绘制切线。

任务导入

建筑图中轴线编号、索引符号、详图符号、圆形窗户等需通过绘制圆或圆弧来完成。

相关知识

1. 绘制圆

使用 CIRCLE 命令绘制圆，默认的画圆方法是指定圆心和半径，除此之外，还可以通过两点或三点等方法来画圆。

（1）命令启动方法

① 菜单命令："绘图"菜单栏→"圆"。

② 面板：单击"默认"选项卡下"绘图"面板上的 ◎ 按钮。

③ 命令：CIRCLE 或简写 C。

（2）命令选项

① 指定圆的圆心：默认选项。输入圆心坐标或拾取圆心后，系统将提示输入圆半径

或直径值。

② 三点(3P)：输入 3 个点绘制圆。

③ 两点(2P)：指定直径的两个端点绘制圆。

④ 切点、切点、半径：指定两个切点，然后输入圆半径值绘制圆。

2. 圆弧连接

绘制圆弧连接方法一般是先画出与已有两个对象相切的圆，然后再用 TRIM 命令修剪多余线条。如图 2-10 所示，加粗的圆是正在绘制的圆，圆 1 和直线 2 是与之相切的对象。

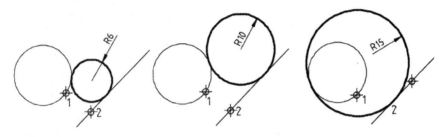

图 2-10 相切、相切、半径画圆

相切圆的作图步骤如下。

(1) 依次单击"常用"选项卡→"绘图"面板→"圆"下拉菜单→"相切、相切、半径"，即⊙按钮，此命令将启动"切点"对象捕捉模式。

(2) 选择与要绘制的圆相切的第一个对象，再选择与要绘制的圆相切的第二个对象，指定圆的半径。

(3) 画出与已有对象相切的圆，然后再用 TRIM 命令修剪多余线条。

提示：利用切点、切点、半径画圆时，有时会有多个圆符合指定的条件。系统将自动选择绘制具有指定半径、其切点与选定点的距离最近的圆。

3. 画切线

用户可利用 LINE 命令并结合对象捕捉的切点捕捉 TAN 功能来绘制切线，如图 2-11 所示，画切线一般有以下两种情况。

(1) 过圆外的一点画圆的切线，如图 2-11 所示中 AB 和 CD 线段。

(2) 绘制两个圆的公切线，如图 2-11 所示中 EF 和 GH 线段。

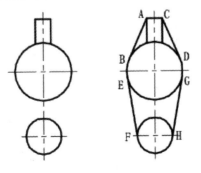

图 2-11 画切线

打开素材文件 2-2. dwg,如图 2-12(a)所示,使用 LINE 及 CIRCLE 命令绘制圆、圆弧连接及切线,将图 2-12(a)改为图 2-12(b)。

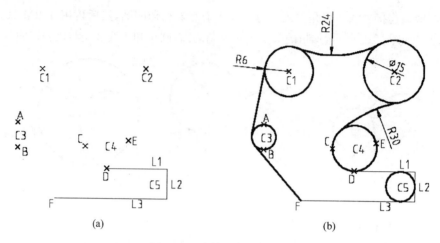

(a)　　　　　　　　　　　　　　　　　(b)

图 2-12　绘制圆及圆弧连接

1. 设置对象捕捉

单击状态栏上 █ █ ▾ 的小倒三角,弹出快捷菜单,在该对话框的"对象捕捉"选项卡中勾选节点捕捉。

2. 绘制圆

使用 CIRCLE 命令,分别画出圆 C1、C2、C3、C4 和 C5。

命令: _circle	//单击"绘图"面板上的 ⊙ 按钮
指定圆的圆心或 [三点(3P)/两点(2P)/切点、切点、 半径(T)]:	//拾取圆心 C1 点
指定圆的半径或 [直径(D)] <6.0000>: 6	//输入圆半径 6
命令: CIRCLE	//按 Enter 键重复命令
指定圆的圆心或 [三点(3P)/两点(2P)/切点、切点、 半径(T)]:	//拾取圆心 C2 点
指定圆的半径或 [直径(D)] <6.0000>: d	//选择"直径(D)"选项
指定圆的直径 <12.0000>: 15	//输入圆直径 15
命令: CIRCLE	//按 Enter 键重复命令绘制圆 C3
指定圆的圆心或 [三点(3P)/两点(2P)/切点、切点、	//选择"两点(2P)"选项

半径(T)]：2p

指定圆直径的第一个端点：　　　　　　　　　　　　//捕捉 A 点

指定圆直径的第二个端点：　　　　　　　　　　　　//捕捉 B 点

命令：CIRCLE　　　　　　　　　　　　　　　　　//按 Enter 键重复命令绘制圆 C4

指定圆的圆心或［三点(3P)/两点(2P)/切点、切点、　//选择"三点(3P)"选项

半径(T)]：3p

指定圆上的第一个点：　　　　　　　　　　　　　　//捕捉 C 点

指定圆上的第二个点：　　　　　　　　　　　　　　//捕捉 D 点

指定圆上的第三个点：　　　　　　　　　　　　　　//捕捉 E 点

命令：_circle　　　　　　　　　　　　　　　　　//菜单圆命令中选择"相切,相切,相

　　　　　　　　　　　　　　　　　　　　　　　　　切"选项,画圆 C5

指定圆的圆心或［三点(3P)/两点(2P)/切点、切点、　//捕捉直线 L1 上的切点

半径(T)]：_3p 指定圆上的第一个点：_tan 到

指定圆上的第二个点：_tan 到　　　　　　　　　　//捕捉直线 L2 上的切点

指定圆上的第三个点：_tan 到　　　　　　　　　　//捕捉直线 L3 上的切点

3. 绘制圆弧

使用圆命令中"切点、切点、半径(T)"选项,画出与已有对象相切的圆,然后再用TRIM 命令修剪多余线条。

命令：CIRCLE　　　　　　　　　　　　　　　　　//按 Enter 键重复命令绘制圆弧 R24

　　　　　　　　　　　　　　　　　　　　　　　　　所在圆

指定圆的圆心或［三点(3P)/两点(2P)/切点、切点、　//选择"相切、相切、半径(T)"选项

半径(T)]：t

指定对象与圆的第一个切点：　　　　　　　　　　　//捕捉圆 C1 上切点

指定对象与圆的第二个切点：　　　　　　　　　　　//捕捉圆 C2 上切点

指定圆的半径 <3.5892>：24　　　　　　　　　　//输入圆半径

命令：CIRCLE　　　　　　　　　　　　　　　　　//按 Enter 键重复命令绘制圆弧 R30

　　　　　　　　　　　　　　　　　　　　　　　　　所在圆

指定圆的圆心或［三点(3P)/两点(2P)/切点、切点、　//选择"切点、切点、半径(T)"选项

半径(T)]：t

指定对象与圆的第一个切点：　　　　　　　　　　　//捕捉圆 C2 上切点

指定对象与圆的第二个切点：　　　　　　　　　　　//捕捉圆 C4 上切点

指定圆的半径 <24.0000>：30　　　　　　　　　//输入圆半径

命令：_trim　　　　　　　　　　　　　　　　　　//单击"绘图"面板上 ⊬ 按钮

当前设置:投影＝UCS,边＝延伸

选择剪切边…

选择对象或 <全部选择>：找到 1 个　　　　　　　//选择圆 C1

选择对象：找到 1 个,总计 2 个　　　　　　　　　//选择圆 C2

选择对象：找到 1 个,总计 3 个	//选择圆 C4
选择对象：	//按 Enter 键确认选择结束
选择要修剪的对象,或按住 Shift 键选择要延伸的对象,或[栏选(F)/窗交(C)/投影(P)/边(E)/删除(R)/放弃(U)]：	//选择被修剪的对象
选择要修剪的对象,或按住 Shift 键选择要延伸的对象,或[栏选(F)/窗交(C)/投影(P)/边(E)/删除(R)/放弃(U)]：	//选择其他被修剪的对象
选择要修剪的对象,或按住 Shift 键选择要延伸的对象,或[栏选(F)/窗交(C)/投影(P)/边(E)/删除(R)/放弃(U)]：	//按 Enter 键结束命令

4. 绘制切线

利用 LINE 命令并结合对象捕捉的切点捕捉 TAN 功能来绘制切线。

命令：_line 指定第一个点：	//捕捉端点 F
指定下一点或［放弃(U)］：_tan 到	//右击"菜单"→"捕捉替代"→"切点",捕捉圆 C3 上的切点
指定下一点或［放弃(U)］：	//按 Enter 键结束命令
命令：LINE	//按 Enter 键重复命令
指定第一个点：tan 到	//输入切点代号 tan 并按 Enter 键,捕捉圆 C3 上的切点
指定下一点或［放弃(U)］：_tan 到	//右击"菜单"→"捕捉替代"→"切点",捕捉圆 C1 上的切点
指定下一点或［放弃(U)］：	//按 Enter 键结束命令

 知识拓展

1. 圆弧的相切连接画法

如图 2-13 所示粗实线为两段圆弧的相切连接,细实线为两段圆弧的延伸圆,相切的方式有两种。

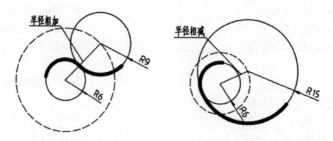

图 2-13   圆弧外切和内切连接画法

（1）外切时，以已知圆弧即圆弧 R6 的圆心为圆心、以两者半径之和为半径画辅助圆（图 2-13 中虚线圆为连接圆弧圆心的轨迹），在辅助圆上任取一点作为圆心可画出外切连接弧圆。

（2）内切时，以已知圆弧即圆弧 R6 的圆心为圆心、以两者半径之差为半径画辅助圆（图 2-13 中虚线圆为连接圆弧圆心的轨迹），在辅助圆上任取一点作为圆心可画出内切连接弧圆。

2. 圆弧通过某个点的连接画法

连接弧通过某个点，可以先以该点为圆心、以连接圆弧的半径为半径画辅助圆（图 2-14 中虚线圆为连接圆弧圆心的轨迹），在辅助圆上任取一点作为圆心可画出连接弧圆，如图 2-14 所示。

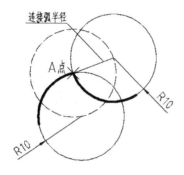

图 2-14　圆弧通过某个点的连接画法

？课后作业

（1）使用 LINE、CIRCLE 和 OFFSET 命令绘图，如图 2-15 所示。

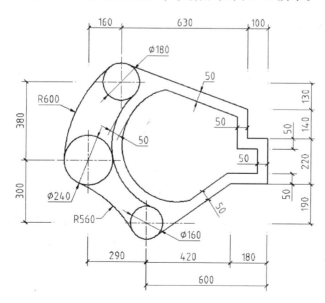

图 2-15　使用 LINE、CIRCLE 和 OFFSET 命令绘图

（2）使用 LINE、CIRCLE 等命令绘图，如图 2-16 所示。

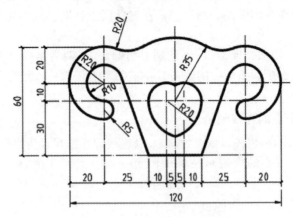

图 2-16　使用 LINE、CIRCLE 等命令绘图

任务3　绘制及编辑多线与多段线

（1）绘制及编辑多线。

（2）创建及编辑多段线。

（3）绘制射线。

在作图过程中，了解了绘制线、圆及圆弧连接的方法，除了这些对象外，在建筑图中多线、多段线等也是常见的几何对象。

1. 创建多线样式

多线的外观由多线样式决定，打开"多线样式"对话框可设置多线的特性和元素，或将其更改为现有多线样式的特征和元素。多线样式的特征和元素主要包括多线中线条的数量、线间的距离、每条线的颜色及线型等。

（1）命令启动方法

① 菜单命令："格式"→"多线样式"。

② 命令：MLSTYLE。

（2）创建新的多线样式

① 执行 MLSTYLE 命令，弹出"多线样式"对话框，如图 2-17 所示。

② 单击 新建(N)... 按钮，弹出"创建新的多线样式"对话框，如图 2-18 所示。输入新样式的名称"墙体 240"，在"基础样式"下拉列表中选择 STANDARD，该样式将成为新样式的样板样式。

图 2-17 "多线样式"对话框   图 2-18 "创建新的多线样式"对话框

③ 单击 继续 按钮，弹出"新建多线样式"对话框，如图 2-19 所示。

图 2-19 "新建多线样式"对话框

在该对话框中,在"说明"文本框中输入多线样式的说明文字;在"图元"列表框中选中0.5,然后在"偏移"文本框中输入数值120;在"图元"列表框中选中−0.5,然后在"偏移"文本框中输入数值−120。

④ 单击 确定 按钮,返回"多线样式"对话框,单击 置为当前(U) 按钮,使新样式成为当前样式。

(3)"新建多线样式"对话框中常用选项的功能

① "添加"按钮:单击此按钮,系统将在多线中添加一条新线,该线的偏移量可在"偏移"文本框中设定。

② "删除"按钮:删除"图元"列表框中选定的线元素。

③ "颜色":通过其下拉列表修改"图元"列表框中选定线元素的颜色。

④ "线型"按钮:指定"图元"列表框中选定元素的线型。

⑤ "封口":控制多线起点和端点封口形式,多线的4种封口形式如图2-20所示。

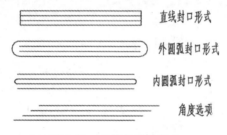

图2-20　多线的封口形式

⑥ "填充颜色":通过其下拉列表设置多线的填充色。

⑦ "显示连接":该复选框的勾选与否,可控制多线拐角处是否显示连接线,如图2-21所示。

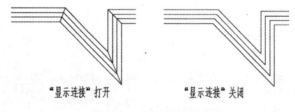

图2-21　显示连接控制

2. 绘制多线

MLINE命令用于绘制多线。多线是由多条平行直线组成的对象,最多可包含16条平行线。线间的距离、线的数量、线条颜色及线型等都可以调整。该命令常用于绘制墙体、公路或管道等。

(1)命令启动方法

① 菜单命令:"绘图"→"多线"。

② 命令:MLINE。

(2)命令选项

① 对正(J):设定多线对正方式,即多线中哪条线段的端点与光标重合并随光标移

动,该选项有 3 个子选项。

上(T):若从左往右绘制多线,则对正点将在最顶端线段的端点处。

无(Z):对正点位于多线中偏移量为 0 的位置处。多线中线条的偏移量可在多线样式中设定。

下(B):若从左往右绘制多线,则对正点将在最底端线段的端点处。

② 比例(S):指定多线宽度相对于定义宽度(在多线样式中定义)的比例因子,该比例不影响线型比例。

③ 样式(ST):通过该选项可以选择多线样式,默认样式是 STANDARD。

3. 编辑多线

MLEDIT 命令用于编辑多线,其主要功能有:改变两条多线的相交形式;在多线中加入控制顶点或删除顶点;将多线中线条切断或接合。

命令启动方法如下。

(1) 菜单命令:"修改"→"对象"→"多线"。

(2) 命令:MLEDIT。

(3) 双击多线对象。

以上三种方式均可启动命令,打开"多线编辑工具"对话框,如图 2-22 所示,该对话框中的小型图片形象地表明了各种编辑工具的功能。

图 2-22 "多线编辑工具"对话框

4. 创建及编辑多段线

PLINE 命令用来创建二维多段线。多段线是由几段线段和圆弧构成的连续线条,它是一个单独的图形对象,具有以下特点。

能够设定多段线中线段及圆弧的宽度。

可以利用有宽度的多段线形成实心圆、圆环或带锥度的粗线等。

能在指定的线段交点处或对整个多段线进行倒圆角、倒斜角处理。

（1）PLINE命令启动方法

① 菜单命令："绘图"→"多段线"。

② 面板："绘图"面板上的 ⌐⌐ 按钮。

③ 命令：PLINE。

（2）PLINE命令选项

① 圆弧（A）：使用此选项可以绘制圆弧。

② 闭合（C）：选择此选项将使多段线闭合，它与LINE命令中C选项作用相同。

③ 半宽（H）：该选项用于指定本段多段线的半宽度，即线宽的一半。

④ 长度（L）：指定本段多段线的长度，其方向与上一条线段相同或沿上一段圆弧的切线方向。

⑤ 放弃（U）：删除多段线中最后一次绘制的线段或圆弧段。

⑥ 宽度（W）：设置多段线的宽度，此时系统将提示"指定起点宽度"和"指定终点宽度"，用户可输入不同的起始宽度和终点宽度值，以绘制一条宽度逐渐变化的多段线。

编辑多段线的命令是PEDIT，该命令可以修改整个多段线的宽度值或分别控制各段的宽度值，此外，还能将线段、圆弧构成的连续线编辑成一条多段线。

（3）PEDIT命令启动方法

① 菜单命令："修改"→"对象"→"多段线"。

② 面板："修改"面板上的 ⌐⌐ 按钮。

③ 命令：PEDIT。

（4）PEDIT命令选项

合并（J）：将线段、圆弧或多段线与所编辑的多段线连接，形成一条新的多段线。

宽度（W）：修改整条多段线的宽度。

5. 绘制射线

RAY命令用于创建始于一点并无限延伸的线性对象。起点和通过点定义了射线延伸的方向，射线在此方向上延伸到显示区域的边界。重显示输入通过点的提示以便创建多条射线。

命令启动方法如下。

① 菜单命令："绘图"→"射线"。

② 面板："绘图"面板上的 ╱ 按钮。

③ 命令：RAY。

6. 分解多线及多段线

使用EXPLODE命令（简写X）可将多线、多段线、块、标注和面域等复杂对象分解成AutoCAD基本图形对象。例如，连续的多段线是一个单独对象，使用EXPLODE命令将其"炸开"后，多段线的每一段都将成为一个独立的对象。

输入EXPLODE命令或单击"修改"面板上的 ⌐⌐ 按钮，系统将提示"选择对象："，选择图形对象后,AutoCAD 将会自动进行分解。

任务布置(一)

使用 LINE、OFFSET 和 MLINE 命令绘制如图 2-23 所示图形,图中建筑墙厚为 240mm。

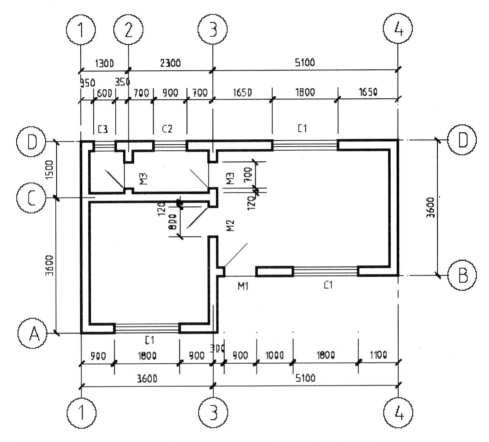

图 2-23　使用 LINE、OFFSET 和 MLINE 命令绘图

任务实施(一)

(1) 创建表 2-1 所示图层。

表 2-1　创建图层

图层名称	颜　色	线　型	线　宽
墙体	白色	Continous	0.6
轴线	绿色	Center	0.15
门窗	红色	Continous	0.15

（2）设定绘图区域大小为 10000×5000，适当设置全局比例因子。

（3）激活极轴追踪，对象捕捉及自动追踪功能，设置极轴追踪角度增量为 90°，设定对象捕捉方式为端点、交点，设置仅沿正交方向进行自动追踪。

（4）使用 LINE、OFFSET 及 TRIM 命令绘制如图 2-24 所示的轴线。

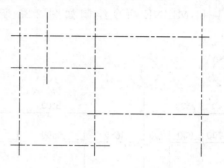

图 2-24　绘制轴线

（5）创建两个多线样式"墙体 240"及"窗线"，参数见表 2-2。

表 2-2　创建墙体和窗线

样 式 名	元 素	偏 移 量
墙体 240	两条直线	120，−120
窗线	四条直线	120，40，−40，−120

（6）将多线样式"墙体 240"置为当前，使用 MLINE 命令绘制如图 2-25 所示墙体。

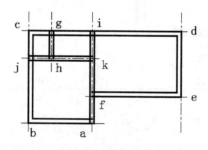

图 2-25　绘制多线

MLINE 命令操作过程如下。

命令：_mline　　　　　　　　　　　　　　//单击"绘图"→"多线"，发出绘制多线命令

当前设置：对正 = 上，比例 = 20.00，样式 = 墙体 240　　//显示当前多线设置

指定起点或［对正(J)/比例(S)/样式(ST)］：j　　//选择"对正(J)"选项

输入对正类型［上(T)/无(Z)/下(B)］＜上＞：　　//按 Enter 键选择默认方式

当前设置：对正 = 上，比例 = 20.00，样式 = 墙体 240　　//显示当前多线设置

指定起点或［对正(J)/比例(S)/样式(ST)］：s　　//选择"比例(S)"选项

输入多线比例＜20.00＞：1　　//设置多线比例为 1

当前设置：对正 = 上，比例 = 1.00，样式 = 墙体 240　　//显示当前多线设置

指定起点或[对正(J)/比例(S)/样式(ST)]:	//拾取轴线交点 a
指定下一点:	//拾取轴线交点 b
指定下一点或[放弃(U)]:	//拾取轴线交点 c
指定下一点或[闭合(C)/放弃(U)]:	//拾取轴线交点 d
指定下一点或[闭合(C)/放弃(U)]:	//拾取轴线交点 e
指定下一点或[闭合(C)/放弃(U)]:	//拾取轴线交点 f
指定下一点或[闭合(C)/放弃(U)]:	//按 Enter 键结束命令
命令: MLINE	//按 Enter 键重复命令
当前设置: 对正 = 上,比例 = 1.00,样式 = 墙体240	//显示当前多线设置
指定起点或[对正(J)/比例(S)/样式(ST)]: j	//选择"对正(J)"选项
输入对正类型[上(T)/无(Z)/下(B)]<上>: z	//选择"无(Z)"选项
当前设置: 对正 = 无,比例 = 1.00,样式 = 墙体240	//显示当前多线设置
指定起点或[对正(J)/比例(S)/样式(ST)]:	//拾取轴线交点 g
指定下一点:	//拾取轴线交点 h
指定下一点或[放弃(U)]:	//按 Enter 键结束命令
命令: MLINE	//按 Enter 键重复命令
当前设置: 对正 = 无,比例 = 1.00,样式 = 墙体240	//显示当前多线设置
指定起点或[对正(J)/比例(S)/样式(ST)]:	//拾取轴线交点 i
指定下一点:	//拾取轴线交点 a
指定下一点或[放弃(U)]:	//按 Enter 键结束命令
命令: MLINE	//按 Enter 键重复命令
当前设置: 对正 = 无,比例 = 1.00,样式 = 墙体240	//显示当前多线设置
指定起点或[对正(J)/比例(S)/样式(ST)]:	//拾取轴线交点 j
指定下一点:	//拾取轴线交点 k
指定下一点或[放弃(U)]:	//按 Enter 键结束命令

(7) 执行 MLEDIT 命令,打开"多线编辑工具"对话框,分别用"T 形合并"和"角点闭合"功能对多线进行编辑,如图 2-26 所示。

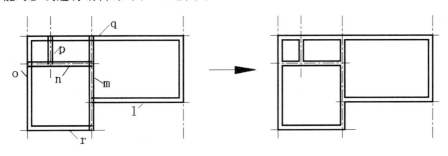

图 2-26　编辑多线

MLEDIT 命令操作过程如下。

命令: MLEDIT	//执行 MLEDIT 命令,选取"T 形合并"
选择第一条多线:	//在 i 点处选择多线,如图 2-25 所示

选择第二条多线：	//在 m 点处选择多线
选择第一条多线 或［放弃(U)］：	//在 n 点处选择多线
选择第二条多线：	//在 m 点处选择多线
选择第一条多线 或［放弃(U)］：	//在 n 点处选择多线
选择第二条多线：	//在 o 点处选择多线
选择第一条多线 或［放弃(U)］：	//在 p 点处选择多线
选择第二条多线：	//在 n 点处选择多线
选择第一条多线 或［放弃(U)］：	//在 p 点处选择多线
选择第二条多线：	//在 q 点处选择多线
选择第一条多线 或［放弃(U)］：	//在 m 点处选择多线
选择第二条多线：	//在 q 点处选择多线
选择第一条多线 或［放弃(U)］：	//按 Enter 键结束命令
命令：MLEDIT	//按 Enter 键重复命令，选取"角点闭合"
选择第一条多线：	//在 m 点处选择多线
选择第二条多线：	//在 r 点处选择多线
选择第一条多线 或［放弃(U)］：	//按 Enter 键结束命令

（8）使用 LINE、OFFSET、TRIM 命令形成所有门窗洞口，如图 2-27 所示。

（9）将多线样式"窗线"置为当前，使用 MLINE 命令绘制窗线，如图 2-28 所示。

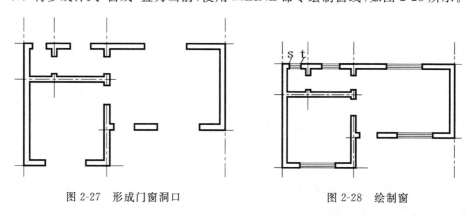

图 2-27　形成门窗洞口　　　　　　　　　图 2-28　绘制窗

其中窗线 C3 的操作过程如下。

命令：_mline	//单击"绘图"→"多线"，发出绘制多线命令
当前设置：对正 = 无，比例 = 1.00，样式 = 窗线	//显示当前多线设置
指定起点或［对正(J)/比例(S)/样式(ST)］：j	//选择"对正(J)"选项
输入对正类型［上(T)/无(Z)/下(B)］＜无＞：t	//选择"上(T)"选项
当前设置：对正 = 上，比例 = 1.00，样式 = 窗线	//显示当前多线设置
指定起点或［对正(J)/比例(S)/样式(ST)］：	//拾取端点 s
指定下一点：	//拾取端点 t
指定下一点或［放弃(U)］：	//按 Enter 键结束命令

（10）设置极轴追踪角度增量为 45°，用所有极轴角设置追踪，使用 LINE 命令绘制门线，完成平面图的绘制，如图 2-29 所示。

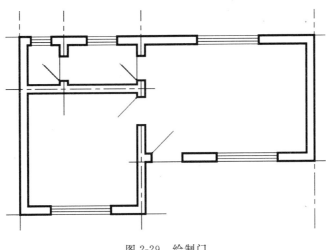

图 2-29 绘制门

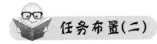

使用 PLINE、LINE、OFFSET 和 RAY 命令绘制如图 2-30 所示的图形。

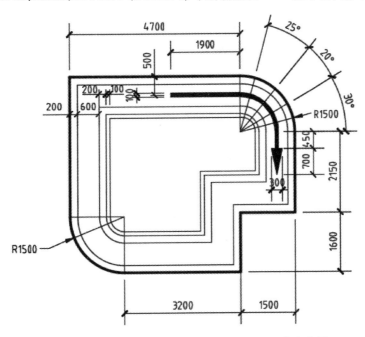

图 2-30 使用 PLINE、LINE、OFFSET 和 RAY 命令绘图

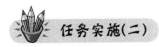

（1）创建表 2-3 所示图层。

（2）设定绘图区域大小为 5000×5000，适当设置全局比例因子。

表 2-3　创建图层

图层名称	颜　　色	线　　型	线　　宽
01	绿色	Continous	0.6
02	红色	Continous	0.15

（3）激活极轴追踪、对象捕捉及自动追踪功能，极轴追踪角度增量为 45°，设定对象捕捉方式为端点、交点、圆心，用所有极轴角设置追踪。

（4）使用 PLINE 命令绘制如图 2-31 所示图形。

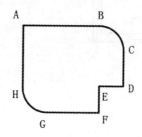

图 2-31　用 PLINE 命令绘图

PLINE 命令操作过程如下。

命令：_pline	//单击"绘图"面板上的 ⌒⌐ 按钮
指定起点：	//单击 A 点
当前线宽为 0.0000	//当前线宽设置
指定下一个点或［圆弧（A）/半宽（H）/长度（L）/放弃（U）/宽度（W）］：4700	//光标水平向右追踪，输入追踪距离为 4700，按 Enter 键，多段线绘制到 B 点
指定下一点或［圆弧（A）/闭合（C）/半宽（H）/长度（L）/放弃（U）/宽度（W）］：a	//选择"圆弧（A）"选项
指定圆弧的端点（按住 Ctrl 键以切换方向）或［角度（A）/圆心（CE）/闭合（CL）/方向（D）/半宽（H）/直线（L）/半径（R）/第二个点（S）/放弃（U）/宽度（W）］：r	//选择"半径（R）"选项
指定圆弧的半径：1500	//输入圆弧半径为 1500
指定圆弧的端点（按住 Ctrl 键以切换方向）或［角度（A）］：a	//选择"角度（A）"选项
指定夹角：−90°	//输入圆弧夹角度数为 −90°，顺时针为负，逆时针为正
指定圆弧的弦方向（按住 Ctrl 键以切换方向）<0>：	//在 315° 方向任意单击一点，确定 C 点
指定圆弧的端点（按住 Ctrl 键以切换方向）或［角度（A）/圆心（CE）/闭合（CL）/方向（D）/半宽（H）/直线（L）/半径（R）/第二个点（S）/放弃（U）/宽度（W）］：l	//选择"直线（L）"选项
指定下一点或［圆弧（A）/闭合（C）/半宽（H）/长度（L）/放弃（U）/宽度（W）］：2150	//光标竖直向下追踪，输入追踪距离为 2150，按 Enter 键，多段线绘制到 D 点

指定下一点或 [圆弧(A)/闭合(C)/半宽(H)/长度(L)/放弃(U)/宽度(W)]:1500

指定下一点或 [圆弧(A)/闭合(C)/半宽(H)/长度(L)/放弃(U)/宽度(W)]:1600

指定下一点或 [圆弧(A)/闭合(C)/半宽(H)/长度(L)/放弃(U)/宽度(W)]:3200

指定下一点或 [圆弧(A)/闭合(C)/半宽(H)/长度(L)/放弃(U)/宽度(W)]:a
指定圆弧的端点(按住 Ctrl 键以切换方向)或 [角度(A)/圆心(CE)/闭合(CL)/方向(D)/半宽(H)/直线(L)/半径(R)/第二个点(S)/放弃(U)/宽度(W)]:a
指定夹角:-90
指定圆弧的端点(按住 Ctrl 键以切换方向)或 [圆心(CE)/半径(R)]:ce
指定圆弧的圆心:@0,1500

指定圆弧的端点(按住 Ctrl 键以切换方向)或 [角度(A)/圆心(CE)/闭合(CL)/方向(D)/半宽(H)/直线(L)/半径(R)/第二个点(S)/放弃(U)/宽度(W)]:l
指定下一点或 [圆弧(A)/闭合(C)/半宽(H)/长度(L)/放弃(U)/宽度(W)]:c

//光标水平向左追踪,输入追踪距离为1500,按 Enter 键,多段线绘制到 E 点
//光标竖直向下追踪,输入追踪距离为1600,按 Enter 键,多段线绘制到 F 点
//光标水平向左追踪,输入追踪距离为3200,按 Enter 键,多段线绘制到 G 点
//选择"圆弧(A)"选项

//选择"角度(A)"选项

//输入圆弧夹角度数为-90°
//选择"圆心(CE)"选项

//输入圆心的相对坐标,按 Enter 键,多段线绘制到 H 点
//选择"直线(L)"选项

//选择"闭合(C)"选项,使多段线闭合

(5) 使用 OFFSET、REY 和 TRIM 命令生成图形,如图 2-32 所示。

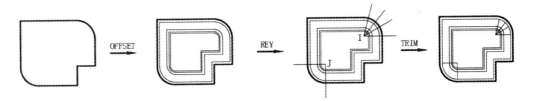

图 2-32 使用 OFFSET、REY 和 TRIM 命令生成图形

REY 命令的操作过程如下。

命令:_ray 指定起点:
指定通过点:
指定通过点:<30
角度替代:30
指定通过点:
指定通过点:<50
角度替代:50
指定通过点:
指定通过点:<75
角度替代:75
指定通过点:

//单击"绘图"面板上的 按钮
//拾取圆弧圆心 I 点
//设定射线角度

//单击任意一点
//设定射线角度

//单击任意一点
//设定射线角度

//单击任意一点

指定通过点:	//按 Enter 键结束命令
命令:RAY	//按 Enter 键重复命令
指定起点:	//拾取圆弧圆心 J 点
指定通过点:	//光标水平左移追踪捕捉交点
指定通过点:	//光标竖直下移追踪捕捉交点
指定通过点:	//按 Enter 键结束命令

(6) 使用 PLINE 命令绘制箭头,如图 2-33 所示。

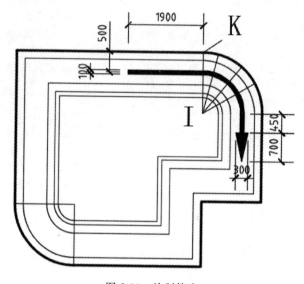

图 2-33　绘制箭头

操作过程如下。

命令:_pline	//单击"绘图"面板 上的 按钮
指定起点:from	//输入正交偏移捕捉代号 FROM 并按 Enter 键
基点:<偏移>:	//拾取端点 K
<偏移>:@−1900,−500	//输入起点的偏移坐标
当前线宽为 0.0000	//显示当前设置
指定下一个点或 [圆弧(A)/半宽(H)/长度(L)/放弃(U)/宽度(W)]:h	//选择"半宽(H)"选项
指定起点半宽 <0.0000>:50	//输入起点半宽值,按 Enter 键
指定端点半宽 <50.0000>:50	//输入端点半宽值,按 Enter 键
指定下一个点或 [圆弧(A)/半宽(H)/长度(L)/放弃(U)/宽度(W)]:1900	//光标水平向右追踪,输入追踪距离为 1900,按 Enter 键
指定下一点或 [圆弧(A)/闭合(C)/半宽(H)/长度(L)/放弃(U)/宽度(W)]:a	//选择"圆弧(A)"选项
指定圆弧的端点(按住 Ctrl 键以切换方向)或[角度(A)/圆心(CE)/闭合(CL)/方向(D)/半宽(H)/直线(L)/半径(R)/第二个点(S)/放弃(U)/宽度(W)]:a	//选择"角度(A)"选项
指定夹角:−90	//输入圆弧夹角度数
指定圆弧的端点(按住 Ctrl 键以切换方向)或 [圆心(CE)/半径(R)]:ce	//选择"圆心(CE)"选项

指定圆弧的圆心：	//拾取圆弧圆心Ⅰ
指定圆弧的端点（按住 Ctrl 键以切换方向）或［角度(A)/圆心(CE)/闭合(CL)/方向(D)/半宽(H)/直线(L)/半径(R)/第二个点(S)/放弃(U)/宽度(W)]：l	//选择"直线(L)"选项
指定下一点 或 ［圆弧（A)/闭合（C)/半宽（H)/长度(L)/放弃(U)/宽度(W)]：450	//光标竖直向下追踪,输入追踪距离为 450,按 Enter 键
指定下一点 或 ［圆弧（A)/闭合（C)/半宽（H)/长度(L)/放弃(U)/宽度(W)]：w	//选择"宽度(W)"选项
指定起点宽度＜100.0000＞：300	//输入箭头起点宽度值为 300
指定端点宽度＜300.0000＞：0	//输入箭头端点宽度值为 0
指定下一点 或 ［圆弧（A)/闭合（C)/半宽（H)/长度(L)/放弃(U)/宽度(W)]：700	//光标竖直向下追踪,输入追踪距离为 700,按 Enter 键
指定下一点 或 ［圆弧（A)/闭合（C)/半宽（H)/长度(L)/放弃(U)/宽度(W)]：	//按 Enter 键结束命令

 知识拓展

1. 在多线中加入控制顶点或删除顶点

操作步骤如下。

(1) 单击"修改"菜单→"对象"→"多线"。

(2) 在"多线编辑工具"对话框中选择"删除顶点"。

(3) 在图形中,指定要删除的顶点,按 Enter 键,效果如图 2-34 所示。

(a) 多线中要删除的顶点　　　(b) 删除顶点后的多线

图 2-34　多线删除顶点

2. 编辑多段线的几种方法

(1) 拉伸线段。

操作过程：选择要显示夹点的多段线→选择夹点,然后将其拖动到新位置。

(2) 添加顶点。

操作过程：选择要显示夹点的多段线→将光标悬停在顶点夹点上,直到菜单显示→单击"添加顶点",如图 2-35 所示。

(3) 删除顶点。

操作过程：选择要显示夹点的多段线→将光标悬停在顶点夹点上,直到菜单显示→单击"删除顶点",如图 2-36 所示。

(4) 将直线段转换为圆弧段。

操作过程：选择要显示夹点的多段线→将光标悬停在要转换的线段的中间夹点上→单击"转换为圆弧"→指定圆弧的

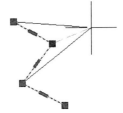

图 2-35　多段线拉伸线段

中点,如图 2-37 所示。

(5) 将圆弧转换为直线段。

操作过程:选择要显示夹点的多段线→将光标悬停在圆弧的中间夹点上→单击"转换为直线",如图 2-38 所示。

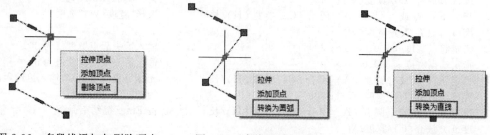

图 2-36　多段线添加与删除顶点　　图 2-37　直线段转圆弧段　　图 2-38　圆弧段转直线段

使用 LINE、OFFSET 和 MLINE 等命令绘制如图 2-39 所示首层平面图。

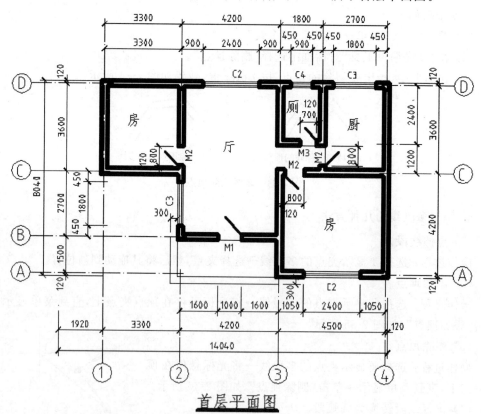

图 2-39　绘制首层平面图

任务4　利用移动、复制、阵列及镜像绘制图形

 教学目标

（1）移动及复制对象。

（2）旋转对象。

（3）阵列及镜像对象。

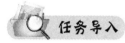 任务导入

在作图过程中，可以利用之前所学的命令创建需要的图形，同时结合移动、复制、阵列及镜像等命令编辑图形。

 相关知识

1. 移动对象

移动图形实体的命令是 MOVE，该命令可以在二维或三维空间中使用。执行 MOVE 命令后，选择要移动的图形元素，然后通过两点或直接输入位移值来指定对象移动的距离和方向。

（1）命令启动方法如下。

① 菜单命令："修改"→"移动"。

② 面板："修改"面板上的 ✤移动 按钮。

③ 命令：MOVE 或简写 M。

（2）使用 MOVE 命令时，用户可以通过以下几种方式指明对象移动的距离和方向。

① 在屏幕上指定两个点，这两点间的距离和方向代表实体移动的距离和方向。

② 以"x, y"方式输入对象沿 X、Y 轴移动的距离，或用"距离<角度"方式输入对象移动的距离和方向。

③ 激活正交或极轴追踪功能，就能方便地将实体只沿 X、Y 轴方向移动。

④ 使用"位移（D）"选项。执行该选项后，系统提示"指定位移"，此时，以"x, y"方式输入对象沿 X、Y 轴移动的距离，或用"距离<角度"方式输入对象移动的距离和方向。

2. 复制对象

复制图形实体的命令是 COPY，该命令可以在二维或三维空间中使用。执行 COPY 命令后，选择要复制的图形元素，然后通过两点或直接输入位移值来指定复制的距离和方向。

命令启动方法如下。

（1）菜单命令："修改"→"复制"。

（2）面板："修改"面板上的 复制 按钮。

（3）命令：COPY 或简写 CO。

使用 COPY 命令时，需指定原对象移动的距离和方向，具体方法参考 MOVE 命令。

3. 旋转对象

使用 ROTATE 命令可以旋转图形对象，改变图形对象的方向。使用此命令时，只需指定旋转基点并输入旋转角度就可以转动图形实体。此外，用户也可以将某个方位作为参照位置，然后选择一个新对象或输入一个新角度值来指明要旋转到的位置。

（1）命令启动方法

① 菜单命令："修改"→"旋转"。

② 面板："修改"面板上的 旋转 按钮。

③ 命令：ROTATE 或简写 RO。

（2）命令选项

① 指定旋转角度：指定旋转基点并输入绝对旋转角度来旋转实体。旋转角是基于当前用户坐标系测量的，如果输入负的旋转角，则选定的对象将顺时针旋转；反之，被选择的对象将逆时针旋转。

② 复制（C）：旋转对象的同时复制对象。

③ 参照（R）：指定某个方向作为起始参照，然后拾取一个点或两个点来指定源对象要旋转到的位置，也可以输入新角度值来指明要旋转到的方位。

4. 阵列对象

几何元素的均布以及图形的对称是作图中经常遇到的问题。在绘制均布特征时，使用 ARRAY 命令可指定矩形阵列或环形阵列以及路径阵列。

（1）阵列的三种方式，如图 2-40 所示。

(a) 矩形阵列　　　　　　(b) 路径阵列　　　　　　(c) 环形阵列

图 2-40　阵列的三种方法

① 矩形阵列对象。

矩形阵列是指将对象按行列方式进行排列。操作时，一般应告知 AutoCAD 阵列的行数、列数、行间距及列间距等，如果要沿倾斜方向生成矩形阵列，还应输入阵列的倾斜角度值。

② 路径阵列对象。

路径阵列是指对象沿路径或部分路径进行排列。操作时需指定用于阵列路径的对象。这些对象可以是直线、多段线、三维多段线、样条曲线、螺旋线、圆弧、圆或椭圆等。

③ 环形阵列对象。

环形阵列是指把对象绕阵列中心等角度均匀分布,决定环形阵列的主要参数有阵列中心、阵列总角度及阵列数目。此外,也可通过输入阵列总数及每个对象间的夹角生成环形阵列。

(2) 阵列命令启动方法如下。

① 菜单命令:"修改"→"矩形阵列"/"路径阵列"/"环形阵列"。

② 面板:"修改"面板上的 矩形阵列/路径阵列/环形阵列 按钮。

③ 命令:ARRAY 或简写 AR 或 ARRAYECT/ARRAYPATH/ARRAYPOLAR。

(3) 命令启动后,按提示选择需要阵列的对象,会出现相应的阵列创建选项卡,对相应项目按需要进行设置即可,如图 2-41～图 2-43 所示。

图 2-41　矩形阵列功能区

图 2-42　路径阵列功能区

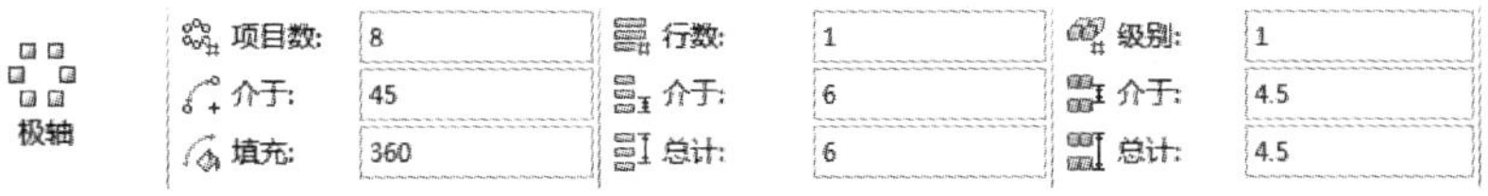

图 2-43　环形阵列功能区

5. 镜像对象

对于对称图形来说,用户只需绘制出图形的一半,另一半即可由 MIRROR 命令镜像出来。操作时,先告知系统要对哪些对象进行镜像,然后再指定镜像线位置即可,还可选择删除或保留原来的对象。

命令启动方法如下。

(1) 菜单命令:"修改"→"镜像"。

(2) 面板:"修改"面板上的 按钮。

(3) 命令:MIRROR 或简写 MI。

使用 LINE、LINE、OFFSET、MOVE、COPY、ROTATE、ARRAY 和 MIRROR 命令绘制如图 2-44 所示的大厅天花板图。

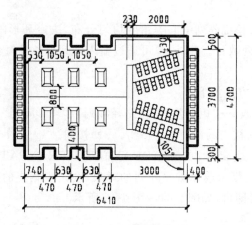

图 2-44　大厅天花板图

（1）创建表 2-4 所示图层。

表 2-4　创建图层

图 层 名 称	颜　色	线　型	线　宽
轮廓	白色	Continuous	0.6
装饰	青色	Continuous	0.15

（2）设定绘图区域的大小为 15000×10000。

（3）激活极轴追踪、对象捕捉及自动追踪功能。指定极轴追踪角度增量为 900，设定对象捕捉方式为端点、交点、中点，设置仅沿正交方向自动追踪。

（4）切换到"轮廓"层，使用 PLINE 和 OFFSET 命令绘制天花板轮廓线，如图 2-45 所示。

（5）切换到"装饰"层，使用 LINE、OFFSET、TRIM 绘制图形对象 a，然后使用 ARRAY 命令生成图形 A，再使用 MIRROR 命令将其镜像，细节尺寸及结果如图 2-46 所示。

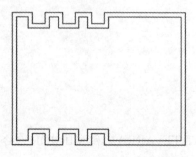

图 2-45　绘制天花板轮廓图

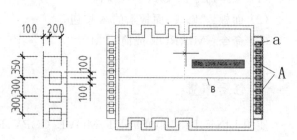

图 2-46　绘制图形 A

① 阵列图形 a 得到 A 的操作过程如下。

命令：_arrayrect
选择对象：指定对角点：找到 5 个
选择对象：
类型 ＝ 矩形 关联 ＝ 是

选择夹点以编辑阵列或［关联（AS）/基
点（B）/计数（COU）/间距（S）/列数（COL）/行
数（R）/层数（L）/退出（X）］<退出>：

//单击"修改"面板 上的 ▦矩形阵列 按钮
//用交叉窗口选择阵列对象 a
//按 Enter 键结束选择
//显示当前设置，并弹出"创建阵列"选项卡，设
　置"列数"为 1，"行数"为 11，"介于"为 −300，
　取消"关联"，如图 2-47 所示。每设置一项按
　Enter 键确认，图行窗口中将实时显示阵列对
　象效果
//阵列效果满意后，按 Enter 键结束命令

图 2-47 "创建阵列"选项卡设置

② 镜像对象 A 的操作过程如下。

命令：_mirror
选择对象：指定对角点：找到 58 个
选择对象：
指定镜像线的第一点：
指定镜像线的第二点：
要删除源对象吗?［是(Y)/否(N)］<否>：

//单击"修改"面板上的 ⚎ 按钮
//选择需镜像的对象
//按 Enter 键结束选择
//拾取直线 B 的中点
//竖直向上追踪，任意单击一点
//按 Enter 键选择默认选项，即不删除原对
　象，并结束命令

（6）使用 LINE、OFFSET、TRIM、ARRAY、ROTATE、COPY、EXTEND 和
MIRROR 命令绘制图形 D，细节尺寸及绘制过程如图 2-48 所示。

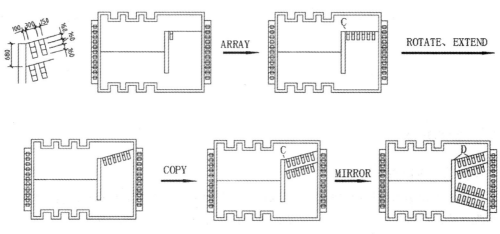

图 2-48 绘制图形 D

其中：

① ROTATE 操作过程如下。

命令：_rotate   //单击"修改"面板上的 ↻ 旋转 按钮

UCS 当前的正角方向：ANGDIR=逆时针 ANGBASE=0   //显示当前设置

选择对象：指定对角点：找到 5 个   //选择旋转的对象

选择对象：   //按 Enter 键结束选择

指定基点：   //拾取端点 C

指定旋转角度,或〔复制(C)/参照(R)〕<0>: 15   //输入旋转角度按 Enter 键结束命令

② COPY 操作过程如下。

命令：_copy   //单击"修改"面板上的 ⬚ 复制 按钮

选择对象：指定对角点：找到 25 个   //选择需复制的对象

选择对象：   //按 Enter 键结束选择

当前设置：复制模式 = 多个   //显示当前设置

指定基点或〔位移(D)/模式(O)〕<位移>:   //拾取端点 C

指定第二个点或〔阵列(A)〕<使用第一个点作为位移>: 680   //光标竖直向下追踪,输入追踪距离为 680,按 Enter 键

指定第二个点或〔阵列(A)/退出(E)/放弃(U)〕<退出>:   //按 Enter 键结束命令

(7) 使用 LINE、OFFSET、TRIM 和 ARRAY 命令绘制图形 E,细节尺寸及结果如图 2-49 所示。

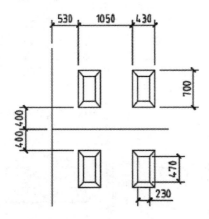
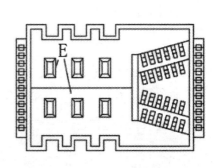

图 2-49   绘制图形 E

1. 环形阵列时对象的旋转

在环形阵列操作过程中,通过"阵列创建"选项卡中的"特性"面板上的 🔲 按钮可控制环形阵列后的图形是围绕中心点一起旋转或保持其原始对齐,如图 2-50 所示。

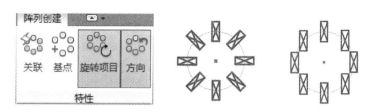

图 2-50 环形阵列时对象旋转、对象不旋转

2. 路径阵列时项目的对齐

在路径阵列操作过程中,通过"阵列创建"选项卡中的"特性"面板上的 ![按钮] 按钮可控制环形阵列后的图形是围绕中心点一起旋转或保持其原始对齐,如图 2-51 所示。

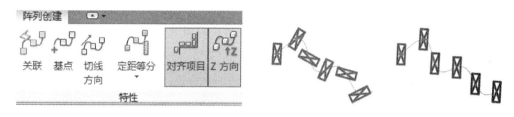

图 2-51 路径阵列时对象旋转、对象不旋转

课后作业

绘制如图 2-52 所示图形。

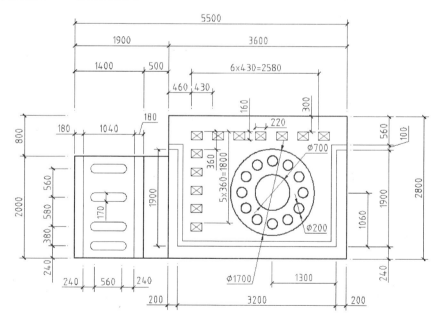

图 2-52 绘制平面图形

任务5 绘制多边形、椭圆

（1）绘制矩形、正多边形。

（2）绘制椭圆。

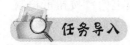

在建筑图中，除了绘制线、多线及圆等，矩形、正多边形及椭圆也比较常见。

1. 倒圆角

倒圆角就是利用指定半径的圆弧光滑地连接两个对象，其操作对象包括直线、多段线、样条线、圆和圆弧等。对于多段线来说，可一次将多段线的所有顶点都光滑过渡。

（1）命令启动方法

① 菜单命令："修改"→"圆角"。

② 面板："修改"面板上的 按钮。

③ 命令：FILLET 或简写 F。

（2）命令选项

① 放弃（U）：取消倒圆角操作。

② 多段线（P）：选择多段线后，系统将对多段线的每个顶点进行倒圆角操作。

③ 半径（R）：设定圆角半径。若圆角半径为 0，则系统将使被修剪的两个对象交于一点。

④ 修剪（T）：指定倒圆角操作后是否修剪对象。

⑤ 多个（M）：可一次创建多个圆角。系统将重复提示"选择第一个对象"和"选择第二个对象"，直到用户按 Enter 键结束命令为止。

按住 Shift 键选择要应用角点的对象：若按住 Shift 键选择第二个圆角对象，则以 0 值替代当前的圆角半径。

2. 倒斜角

倒斜角就是用一条斜线连接两个对象，倒角时既可以输入每条边的倒角距离，也可以指定某条边上倒角的长度及与此边的夹角。

（1）命令启动方法

① 菜单命令："修改"→"倒角"。

② 面板："修改"面板上的 倒角 按钮。

③ 命令：CHAMFER 或简写 CHA。

（2）命令选项

① 放弃（U）：取消倒斜角操作。

② 多段线（P）：选择多段线后，系统将对多段线的每个顶点进行倒斜角操作。

③ 距离（D）：设定倒角距离。若倒角距离为 0，则系统将使被倒角的两个对象交于一点。

④ 角度（A）：指定倒角距离及倒角角度。

⑤ 修剪（T）：指定倒斜角时是否修剪对象。

⑥ 多个（M）：可一次创建多个倒角。系统将重复提示"选择第一个对象"和"选择第二个对象"，直到用户按 Enter 键结束命令为止。

按住 Shift 键选择要应用角点的对象：若按住 Shift 键选择第二个倒角对象，则以 0 值替代当前的倒角距离。

3. 绘制矩形

用户只需指定矩形对角线的两个端点就能画出矩形。绘制时，可设置矩形边线的宽度，也可指定顶点处的倒角距离及圆角半径。

（1）命令启动方法

① 菜单命令："绘图"→"矩形"。

② 面板："绘图"面板上的 按钮。

③ 命令：RECTANG 或简写 REC。

（2）命令选项

① 指定第一个角点：在此提示下，用户指定矩形的一个角点。拖动光标时，屏幕上将显示出一个矩形。

② 指定另一个角点：在此提示下，用户指定矩形的另一个角点。

③ 倒角（C）：指定矩形各顶点倒斜角的大小。

④ 标高（E）：确定矩形所在的平面高度。默认情况下，矩形是在 XY 平面内（z 坐标值为 0）。

⑤ 圆角（F）：指定矩形各顶点的倒圆角半径。

⑥ 厚度（T）：设置矩形的厚度，在三维绘图时常使用该选项。

⑦ 宽度（W）：该选项用于设置矩形边的宽度。

4. 绘制正多边形

绘制正多边形的方法有两种：指定多边形边数及多边形的中心点；指定多边形边数及某一条边的两个端点。

（1）命令启动方法

① 菜单命令："绘图"→"正多边形"。

② 面板："绘图"面板上的 多边形 按钮。

③ 命令：POLYGON 或简写 POL。

（2）命令选项

① 指定正多边形的中心点：输入多边形边数后，再拾取多边形的中心点。

② 内接于圆（I）：根据外接圆生成正多边形。

③ 外切于圆（C）：根据内切圆生成正多边形，如图 2-53 所示。

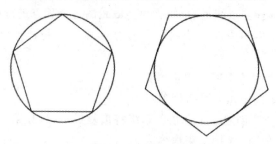

图 2-53　内接于圆与外切于圆

④ 边（E）：输入多边形边数后，再指定某条边的两个端点，即可绘制出多边形。

5. 绘制椭圆

椭圆包含椭圆中心、长轴及短轴等几何特征。绘制椭圆的默认方法是指定椭圆第一条轴线的两个端点及另一条轴线长度的一半，另外，也可通过指定椭圆中心、第一条轴线的端点及另一条轴线的半轴长度来创建椭圆。

（1）命令启动方法

① 菜单命令："绘图"→"椭圆"。

② 面板："绘图"面板上的 ◉ 按钮。

③ 命令：ELLIPSE 或简写 EL。

（2）命令选项

① 中心点（C）：通过椭圆的中心点、长轴及短轴来绘制椭圆。

② 旋转（R）：通过旋转方式绘制椭圆，即将圆绕直径转动一定角度后，再投影到平面上形成椭圆。

使用 RECTANG、POLYGON、ELLIPSE 等命令绘图，如图 2-54 所示。

（1）创建图层，设置粗实线宽度为 0.7，中心线宽度采用默认设置。设定绘图区域大小为 5000×5000。

（2）使用 LINE、RECTANG、POLYGON、ELLIPSE 和 MIRROR 等命令绘图。主要作图步骤如图 2-55 所示。

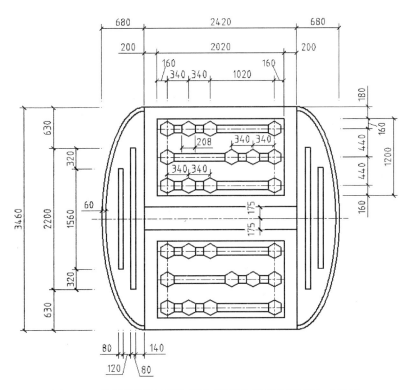

图 2-54　使用 RECTANG、POLYGON、ELLIPSE 等命令绘图

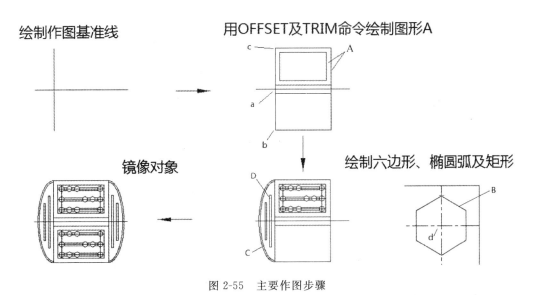

图 2-55　主要作图步骤

其中：

① 绘制图中正六边形 B 的操作过程如下。

命令：_polygon   //单击"绘图"面板上 ▣· 下拉列表中的 ⬠多边形 按钮

输入侧面数 < 4 >: 6   //输入正多边形的边数为 6

指定正多边形的中心点或 [边(E)]:   //拾取 d 点

输入选项 [内接于圆(I)/外切于圆(C)] < I >: c   //选取"外切于圆(C)"选项，即正多边形外切于圆

指定圆的半径: 104   //输入水平向右追踪距离 104，即外切于圆的半径

② 绘制椭圆弧 C 操作过程如下。

命令：_ellipse   //单击"绘图"面板上 ⬭· 下拉列表中的 ⬭椭圆弧 按钮

指定椭圆的轴端点或 [圆弧(A)/中心点(C)]: _a

指定椭圆弧的轴端点或 [中心点(C)]: c   //使用"中心点(C)"选项指定椭圆弧中心

指定椭圆弧的中心点: //拾取 a 点

指定轴的端点: //拾取 b 点

指定另一条半轴长度或 [旋转(R)]: 680   //输入另一条轴线的半轴长度为 680

指定起点角度或 [参数(P)]:   //拾取 c 点

指定端点角度或 [参数(P)/夹角(I)]:   //拾取 b 点

③ 绘制矩形 D 操作过程如下。

命令：_rectang   //单击"绘图"面板上的 ▭ 按钮

指定第一个角点或 [倒角(C)/标高(E)/圆角(F)/厚度(T)/宽度(W)]: from   //输入 from 启用正交偏移捕捉

基点：<偏移>：@−140,630   //拾取 b 点为基点，输入矩形 D 右下角点相对 b 点的相对坐标

指定另一个角点或 [面积(A)/尺寸(D)/旋转(R)]: @−80,2200   //输入矩形 D 左上角点的相对坐标

1. 倒圆角、倒斜角操作后是否修剪对象

使用 FILLET、CHAMFER 命令时，命令选项"修剪(T)"能控制操作后是否修剪对象，如图 2-56 所示。

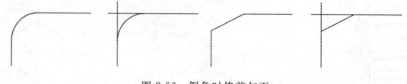

图 2-56   倒角时修剪与否

2. 旋转方式绘制椭圆

在绘制椭圆时，在指定了中心点及轴端点后，可选"旋转(R)"方式将中心点及轴端点

确定的圆旋转一定角度投影获得椭圆。图 2-57 所示为旋转角度设置为 45°时圆与椭圆的尺寸关系。

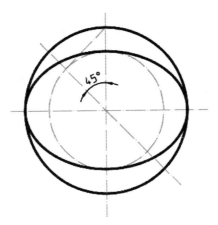

图 2-57 "旋转 R"方式绘制椭圆

课后作业

绘制如图 2-58 所示的图形。

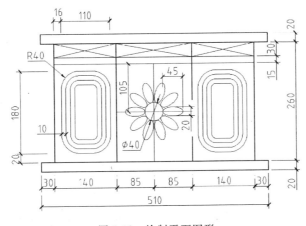

图 2-58 绘制平面图形

任务 6 填充剖面图案

教学目标

(1) 绘制波浪线。

(2) 徒手画线。

（3）绘制云状线。

（4）填充及编辑剖面图案。

建筑绘图中,有些图形是没有标准尺寸的,比如景观等需用徒手画线来完成;另外绘制剖视图时,需用到图案填充。

1. 绘制波浪线

利用 SPLINE 命令可以绘制出光滑曲线,该线是样条线,系统通过拟合一系列给定的数据点形成这条曲线。绘制建筑图时,可利用 SPLINE 命令绘制波浪线。

（1）命令启动方法

① 菜单命令:"绘图"→"样条曲线拟合"。

② 面板:"绘图"面板上的 ∿ 按钮。

③ 命令:SPLINE 或简写 SPL。

（2）命令选项

① 第一点:指定样条曲线的第一个点,或者是第一个拟合点,或者是第一个控制点,具体取决于当前所用的方法。

② 下一点:创建其他样条曲线段,直到按 Enter 键为止。

③ 方式(M):使用拟合点还是使用控制点来创建样条曲线。

④ 对象(O):将二维或三维的二次或三次样条曲线拟合多段线转换成等效的样条曲线。

2. 徒手画线

SKETCH 可以作为徒手绘图的工具,执行此命令后,通过移动光标就能绘制出曲线(徒手画线),光标移动到哪里,线条就画到哪里。徒手画的线是由许多小线段组成的,用户可以设置线段的最小长度。当从一条线的端点移动一段距离,而这段距离又超过了设定的最小长度值时,就会产生新的线段。因此,如果设定的最小长度值较小,那么所绘曲线中就会包含大量的微小线段,从而增加图样的大小。若设定了较大的数值,则绘制的曲线看起来就会像一条连续的折线。

3. 绘制云状线

云状线是由连续圆弧组成的多段线,可以设定线中弧长的最大值及最小值。

（1）命令启动方法

① 菜单命令:"绘图"→"修订云线"。

② 面板:"绘图"面板上的 ▭ 按钮。

③ 命令:REVCLOUD。

（2）命令选项

① 第一个角点：指定矩形修订云线的一个角点。

② 对角点：指定矩形修订云线的对角点。

③ 反转方向：反转修订云线上连续圆弧的方向。

④ 弧长（A）：设定云状线中弧线长度最小值和最大值。所设置的最大弧长不能超过最小弧长的三倍。

⑤ 对象（O）：指定要转换为云线的对象。

⑥ 矩形（R）：使用指定的点作为对角点创建矩形修订云线。

⑦ 多边形（P）：创建非矩形修订云线（由作为修订云线的顶点的三个点或更多点定义）。

⑧ 徒手画（F）：徒手画修订云线。

⑨ 样式（S）：指定修订云线的样式。

⑩ 修改（M）：从现有修订云线添加或删除侧边。

4. 填充剖面图案

工程图中的剖面图案一般总是绘制在一个对象或几个对象围成的封闭区域中，最简单的如一个圆或一个矩形等，较复杂的可能是几条线或圆弧围成的形状多样的区域。在绘制剖面图案时，首先要指定填充边界，一般可通过两种方法设定图案边界，一种是在闭合的区域中选一点，系统会自动搜索闭合的边界，另一种是通过选择对象来定义边界。系统为用户提供了许多标准填充图案，用户也可定制自己的图案，然后，还要控制剖面图案的疏密及图案倾角。

命令启动方法如下。

（1）菜单命令：“绘图”→“图案填充”。

（2）面板：“绘图”面板上的 ⊞ 按钮。

（3）命令：BHATCH 或简写 BH。

任务布置

打开素材文件 2-3.dwg，如图 2-59 所示，使用 PLINE、SPLINE 和 BHATCH 等命令将图 2-59（a）修改为图 2-59（b）。

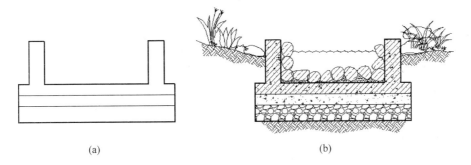

(a)   (b)

图 2-59 绘制植物及填充图案

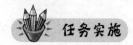任务实施

(1) 使用 PLINE、SPLINE 和 SKETCH 命令绘制植物、石块和水平面,再使用 REVCLOUD 命令绘制云状线,云状线的弧长为 100,该线代表水平面,如图 2-60 所示。

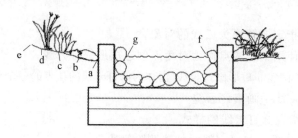

图 2-60   绘制植物、石块和水平面

① 使用 SPLINE 绘制 abcde 这段草坡曲线,具体操作如下。

命令:SPLINE   //单击"绘图"面板上的 ∿ 按钮
当前设置: 方式=拟合 节点=弦
指定第一个点或 [方式(M)/节点(K)/对象(O)]:   //拾取 a 点
输入下一个点或 [起点切向(T)/公差(L)]:   //单击 b 点位置
输入下一个点或 [端点相切(T)/公差(L)/放弃(U)]:   //单击 c 点位置
输入下一个点或 [端点相切(T)/公差(L)/放弃(U)/闭合(C)]:   //单击 d 点位置
输入下一个点或 [端点相切(T)/公差(L)/放弃(U)/闭合(C)]:   //单击 e 点位置
输入下一个点或 [端点相切(T)/公差(L)/放弃(U)/闭合(C)]:   //按 Enter 键结束

② 利用 SKTCH 命令绘制石块,具体操作如下。

命令: SKETCH   //键盘输入 SKETCH 命令
类型 = 多段线 增量 = 1.0000 公差 = 0.5000   //系统默认设置
指定草图或 [类型(T)/增量(I)/公差(L)]: t   //选择"类型(T)"可修改线类型
输入草图类型 [直线(L)/多段线(P)/样   //默认为"多段线",按 Enter 键
条曲线(S)] <多段线>:

指定草图或 [类型(T)/增量(I)/公差(L)]: i   //选择"增量(I)"选项
指定草图增量 <1.0000>: 1.5   //设定线段的最小长度为 1.5
指定草图或 [类型(T)/增量(I)/公差(L)]:   //单击落下画笔,然后移动鼠标画曲线,再次单
                                                     击,抬起画笔移动光标到要画线的位置,单击
                                                     落下画笔,继续画线……
指定草图: //按 Enter 键结束命令
已记录 11 条多段线和 829 个边   //系统自动记录已画的多段线数和边数

③ 使用 REVCLOUD 命令绘制水平面,具体操作过程如下。

命令:_line   //先绘制一条水平直线
指定第一个点: //单击 g 点位置
指定下一点或 [放弃(U)]:   //单击 f 点位置
指定下一点或 [放弃(U)]:   //按 Enter 键结束画直线

命令：_revcloud   //单击"绘图"面板上的 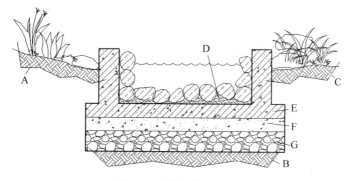按钮

最小弧长：0.5 最大弧长：0.5 样式：普通
　类型：矩形
指定第一个角点或［弧长（A）/对象（O）/矩
形(R)/多边形(P)/徒手画(F)/样式(S)/修改
(M)］<对象>：_F
最小弧长：0.5 最大弧长：0.5 样式：普通   //显示当前设置
　类型：徒手画
指定第一个点或［弧长（A）/对象（O）/矩   //选择"弧长（A）"选项对弧长进行设置
形(R)/多边形（P）/徒手画(F)/样式(S)/修
改(M)］<对象>：a
指定最小弧长<0.5>：100   //输入最小弧长
指定最大弧长<100>：100   //输入最大弧长
指定第一个点或［弧长（A）/对象（O）/矩   //按 Enter 键，选择默认项"对象（O）"
形(R)/多边形（P）/徒手画(F)/样式(S)/修
改(M)］<对象>：
选择对象：   //拾取直线 fg
反转方向［是（Y）/否（N）］<否>：   //选择是否反转
修订云线完成

（2）使用 PLINE 命令绘制辅助线 A、B、C，然后填充剖面图案，如图 2-61 所示。其中：

图 2-61　填充剖面图案

① 石块的剖面图案为 ANSI33，角度为 0°，填充比例为 16。

② 区域 D 中的图案为 AR-SAND，角度为 0°，填充比例为 0.5。

③ 区域 E 中有两种图案，分别为 ANSI31 和 AR-CONC，角度都为 0°，填充比例分别
为 16 和 1。

④ 区域 F 中的图案为 AR-CONC，角度为 0°，填充比例为 1。

⑤ 区域 G 中的图案为 GRAVEL，角度为 0°，填充比例为 8。

⑥ 其余图案为 EARTH，角度为 45°，填充比例为 12。

填充石块剖面的操作过程如下。

命令：_hatch   //单击"绘图"面板上的 按钮
拾取内部点或［选择对象（S）/放弃（U）/设置   //弹出"图案填充创建"选项卡，按要求进行
(T)］：_S   "图案""角度""比例"等设置，如图 2-62
　　　　　　　　　　　　　　　　　　　　　　　　　所示

选择对象或［拾取内部点（K）/放弃（U）/设置(T)］:指定对角点:找到 11 个

//用交叉窗口选择石块剖切轮廓线,绘图窗口中能即时观察到填充效果,不满意,仍可修改"图案""角度""比例"等参数的设置

选择对象或［拾取内部点（K）/放弃（U）/设置(T)］:

//按 Enter 键结束命令

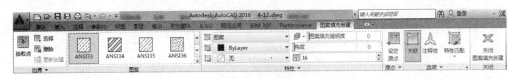

图 2-62　图案填充设置

hatch 命令选项如下。

设置(T)：选择该选项,会弹出"图案填充和渐变色"对话框,其中各项等同"图案填充创建"选项卡中的设置内容和功能按钮,如图 2-63 所示。

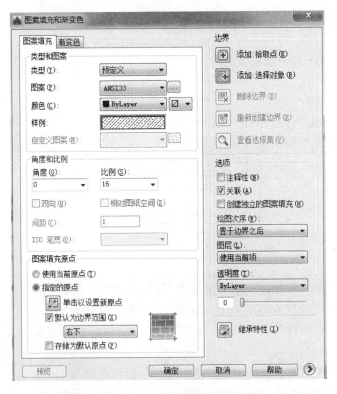

图 2-63　"图案填充和渐变色"对话框

选择对象(S)：用交叉窗口、矩形窗口等方法选择需填充的实体。

拾取内部点(K)：填充封闭区域可选择此项,如本任务中的区域 A、B、C、D、E、F、G,在封闭区域内任意单击一点,系统自动识别区域边界。在非封闭区域,选择失效,并弹出"图案填充-边界定义错误"对话框。

(3) 删除辅助线,结果如图 2-59(b)所示。

知识拓展

关于填充剖面图案的几点说明

1. 创建无完整边界的填充图案

在建筑图中,有些断面图案没有完整的填充边界,如图 2-64 所示,创建此类图案的方法如下。

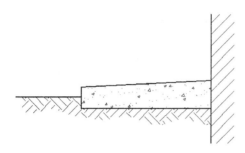

图 2-64 创建无完整边界的填充图案

(1) 在封闭的区域中填充图案,然后删除部分或全部边界对象。

(2) 将不需要的边界对象修改到其他图层上,关闭或冻结此图层,使边界对象不可见。

(3) 在断面图案内绘制一条辅助线,以此线作为剪切边修剪图案,然后再删除辅助线。

2. 剖面图案的比例

在 AutoCAD 中,剖面图案的默认缩放比例是 1,用户也可在"图案填充和渐变色"对话框的"比例"文本框中设定其他比例值。绘制图案时,若没有指定特殊比例值,则 AutoCAD 按默认值创建图案,当输入一个不同于默认值的图案比例时,可以增加或缩短剖面图案的间距,如图 2-65 所示。

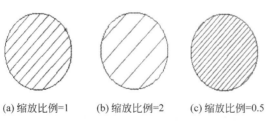

(a) 缩放比例=1   (b) 缩放比例=2   (c) 缩放比例=0.5

图 2-65 设置不同缩放比例时的剖面线形状

3. 剖面图案的角度

输入不同角度的剖面线时,除图案间距可以控制外,图案的倾斜角度也可以控制。读者可能已经注意到在"图案填充和渐变色"对话框的"角度"文本框中,图案的默认角度值是 0,而此时图案(ANSI31)与 X 轴的夹角却是 45°。这是因为在"角度"文本框中显示的角度值并不是图案与 X 轴的倾斜角度,而是图案以 45°线方向为起始位置的转动角度。

当分别输入角度值为 45°、90° 和 15° 时,图案将会逆时针转动到新的位置,它们与 X 轴的夹角分别是 90°、135° 和 60°,如图 2-66 所示。

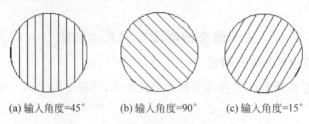

(a) 输入角度=45°　　(b) 输入角度=90°　　(c) 输入角度=15°

图 2-66　输入不同角度时的剖面线

绘制如图 2-67 所示的图形。

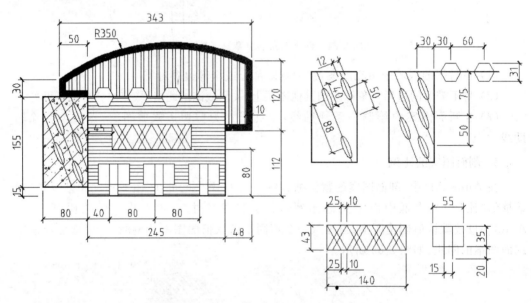

图 2-67　绘制平面图形

任务 7　创建圆点、实心矩形及沿曲线均布对象

(1) 创建及插入图块。

(2) 等分点及测量点。

(3) 绘制圆环、圆点及实心多边形。

本任务主要介绍圆环、实心多边形及沿曲线均布对象等的绘制操作方法。

1. 绘制圆环及圆点

使用 DONUT 命令可以创建填充圆环或圆点。执行该命令后,依次输入圆环内径、外径及圆心,AutoCAD 就会自动生成圆环。若要画圆点,则只需指定内径为 0 即可。

命令启动方法如下。

(1)菜单命令:"面板"→"圆环"。

(2)面板:"绘图"面板上的 ◎ 按钮。

DONUT 命令生成的圆环实际上是具有宽度的多段线,用户可以用 PEDIT 命令编辑该对象,还可以设定是否对圆进行填充。当把变量 FILLMODE 设置为 1 时,系统将填充圆环,否则不填充。

2. 绘制实心多边形

使用 SOLID 命令可以生成实心多边形,如图 2-68 所示。执行命令后,AutoCAD 提示用户指定多边形的顶点,命令结束后,系统会自动填充多边形。指定多边形顶点时,顶点的选取顺序很重要,如果顺序出现错误,多边形就会打结。

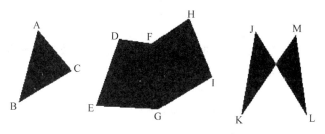

图 2-68 绘制实心多边形

命令:SOLID 或简写 SO。

利用 SOLID 命令画出的实心多边形结果如图 2-68 所示,绘图指定点的顺序为 A→B→C;D→E→F→G→H→I;J→K→L→M。

3. 创建及插入图块

图块是由多个对象组成的单一整体,在需要时可将其作为单独对象插入图形中。在建筑图中有许多反复使用的图形,如门、窗和家具等,若事先将这些对象创建成块,则使用时只需插入块即可,这样就避免了重复劳动,提高了设计效率。

(1)创建图块

利用 BLOCK 命令可以将图形的一部分或整个图形创建成图块,用户可以给图块起名,并且可以定义插入基点。

命令启动方法如下。

① 菜单命令:"绘图"→"块"→"创建"。

② 面板:"块"面板上的 🖳 创建 按钮。

③ 命令:BLOCK 或简写 B。

(2) 插入图块或外部文件

可以使用 INSERT 命令在当前图形中插入块或其他图形文件,无论块或被插入的图形有多么复杂,系统都会将它们看作一个单独的对象。如果用户需要编辑其中的单个图形元素,就必须使用 EXPLODE 命令分解图块或文件块。

命令启动方法如下。

① 菜单命令:"插入"→"块"。

② 面板:"块"面板上的 🔜 按钮。

③ 命令:INSERT 或简写 I。

4. 等分点及测量点

(1) 等分点

利用 DIVIDE 命令可以根据等分数目在图形对象上放置等分点,这些点并不分割对象,只是标明等分的位置。可等分的图形元素包括线段、圆、圆弧、样条线及多段线等。

命令启动方法如下。

① 菜单命令:"绘图"→"点"→"定数等分"。

② 面板:"绘图"面板上的 🖍 按钮。

③ 命令:DIVIDE 或简写 DIV。

(2) 测量点

使用 MEASURE 命令可以在图形对象上按指定的距离放置点对象(POINT 对象),这些点可用 NOD 进行捕捉。

命令启动方法如下。

① 菜单命令:"绘图"→"点"→"定距等分"。

② 面板:"绘图"面板上的 🖍 按钮。

③ 命令:MEASURE 或简写 ME。

任务布置

使用 LINE、OFFSET、DONUT、SOLID 和 DIVIDE 等命令绘图,如图 2-69 所示。

任务实施

(1) 创建图层,设置粗实线宽度为 0.7,细实线宽度默认。设定绘图区域大小为 10000×10000。

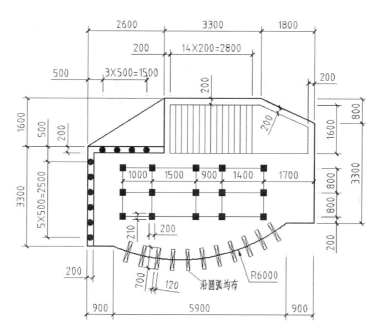

图 2-69　使用 LINE、OFFSET、DONUT、SOLID 和 DIVIDE 等命令绘图

（2）激活极轴追踪、对象捕捉及自动追踪功能。指定极轴追踪角度增量为 90°，设定对象捕捉方式为端点、交点。

（3）使用 LINE、ARC 和 OFFSET 等命令绘制图形 A，如图 2-70 所示。

圆弧命令 ARC 的操作过程如下。

命令：_arc　　　　　　　　　　　　　　//单击"绘图"面板上 下拉列表中

　　　　　　　　　　　　　　　　　　　　的 起点、端点、半径 按钮

指定圆弧的起点或 [圆心(C)]：　　　　 //捕捉端点 B

指定圆弧的第二个点或 [圆心(C)/端点(E)]：_e

指定圆弧的端点：　　　　　　　　　　 //捕捉端点 C

指定圆弧的圆心或 [角度(A)/方向(D)/半径(R)]：　//输入圆弧半径值

_r 指定圆弧的半径：6000

（4）使用 OFFSET 和 TRIM 命令绘制图形 C，结果如图 2-71 所示。

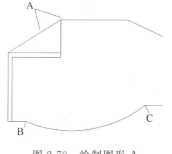

图 2-70　绘制图形 A

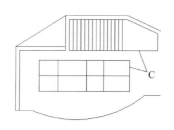

图 2-71　绘制图形 C

(5) 绘制圆点及实心小矩形,如图 2-72 所示。

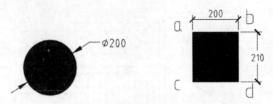

图 2-72 绘制圆点及实心小矩形

① 绘制圆点操作过程如下。

命令: _donut   //选择"默认"选项卡下"绘图"面板上 ◎ 按钮
指定圆环的内径 < 0.5000 >: 0   //输入实心圆内径为 0
指定圆环的外径 < 1.0000 >: 200   //输入实心圆内径为 200
指定圆环的中心点或 <退出>:   //选择放置点
指定圆环的中心点或 <退出>:   //右击或按 Enter 键结束命令

② 绘制实心小矩形操作过程如下。

命令: SOLID   //在命令行输入 SOLID 命令,按 Enter 键
指定第一点: //选择 a 点
指定第二点: @200,0   //输入 b 点相对上一点即相对 a 点的坐标
指定第三点: @-200,-210   //输入 c 点相对上一点即相对 b 点的坐标
指定第四点或 <退出>: @200,0   //输入 d 点相对上一点即相对 c 点的坐标
指定第三点: * 取消 *   //右击或按 Enter 键结束命令

(6) 复制圆点及实心小矩形到相应位置处,如图 2-73 所示。

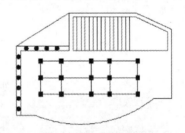

图 2-73 复制圆点及实心小矩形到相应位置

(7) 绘制对象 D,并将其创建成图块,如图 2-74(a)所示。使用 DIVIDE 命令沿圆弧均布图块,块的数量为 11,如图 2-74(b)所示。

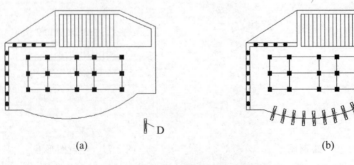

(a)   (b)

图 2-74 沿曲线均布图块

① 利用 LINE 命令绘制完成图形 D 后,创建图块 D 的操作过程如下。

单击"块"面板上的 🖱创建 按钮,打开"块定义"对话框,如图 2-75 所示,在"名称"文本框中输入新建图块的名称为 D。

选择构成块的元素。单击 ✛ (选择对象)按钮,返回绘图窗口,并提示"选择对象",选择图形,右击或按 Enter 键表示选择完毕,回到"块定义"对话框。对话框中显示已选需创建块的图形,如图 2-75 所示。

图 2-75 "块定义"对话框

指定块的插入基点。单击 🖳 (拾取点)按钮,系统将返回绘图窗口,并提示"指定插入基点",拾取图形对角线交点,回到"块定义"对话框。系统自动计算出该点的坐标值。

单击 ▐ 确定 ▐ 按钮,生成图块。

② 使用 DIVIDE 命令沿圆弧均布图块的操作过程如下。

命令：_divide   //单击"绘图"面板上的 🖋 按钮
选择要定数等分的对象：   //选择 BC 圆弧
输入线段数目或［块(B)］：B   //输入选项 B,即在等分处插入图块
输入要插入的块名：D   //输入插入图块的名称为 D
是否对齐块和对象?［是(Y)/否(N)］＜Y＞：   //按 Enter 键选择默认的是对齐块和对象
输入线段数目：11   //输入等分后的线段数,按 Enter 键

1. 面域造型

域(REGION)是指二维的封闭图形,它可由直线、多段线、圆、圆弧及样条曲线等对象围成,但应保证相邻对象间共享连接的端点,否则将不能创建域。域是一个单独的实体,具有面积、周长及形心等几何特征,使用域作图与传统的作图方法截然不同,此时可采用"并""交"及"差"等布尔运算来构造不同形状的图形,如图 2-76 所示为 3 种布尔运算的结果。

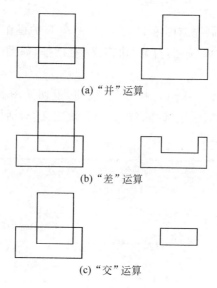

(a) "并" 运算

(b) "差" 运算

(c) "交" 运算

图 2-76　布尔运算

（1）创建面域

命令启动方法如下。

① 菜单命令："绘图"→"面域"。

② 面板："绘图"面板上的 ◎ 按钮。

③ 命令：REGION 或简写 REG。

创建完成的面域将以线框的形式显示出来，用户可以对面域进行移动及复制等操作，还可用 EXPLODE 命令分解面域，使其还原为原始图形对象。

（2）并运算

并运算将所有参与运算的面域合并为一个新面域。

命令启动方法如下。

① 菜单命令："修改"→"实体编辑"→"并集"。

② 面板："三维工具"选项卡中"实体编辑"面板上的 ◎ 并集 按钮。

③ 命令：UNION 或简写 UNI。

（3）差运算

用户可利用差运算从一个面域中去掉一个或多个面域，从而形成一个新的面域。

命令启动方法如下。

① 菜单命令："修改"→"实体编辑"→"差集"。

② 面板："三维工具"选项卡中"实体编辑"面板上的 ◎ 差集 按钮。

③ 命令：SUBTRAC 或简写 SU。

（4）交运算

使用交运算可以求出各个相交面域的公共部分。

命令启动方法如下。

① 菜单命令："修改"→"实体编辑"→"交集"。

② 面板："三维工具"选项卡中"实体编辑"面板上的 ⑩ 交集按钮。

③ 命令：INTERSECT 或简写 IN。

 课后作业

绘制如图 2-77 所示的图形。图中小实心矩形的尺寸为 20×10。

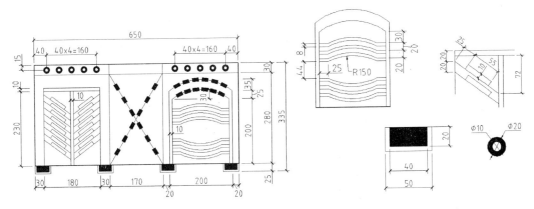

图 2-77　绘制平面图

任务 8　利用拉伸、对齐等命令绘图

 **教学目标**

（1）拉伸及按比例缩放对象。

（2）对齐实体。

 **任务导入**

绘图过程中用户不仅在绘制新的图形实体，而且也在不断地修改已有的图形元素。AutoCAD 的设计优势在很大程度上表现为强大的图形编辑功能，使用户能方便、快捷地改变对象的大小及形状而生成新的图形。

 相关知识

1. 拉伸图形对象

使用 STRETCH 命令可以拉伸、缩短及移动实体，如果图样沿 X、Y 轴方向的尺寸有错误，或用户想调整图形中某部分实体的位置，则可以使用 STRETCH 命令。

（1）命令启动方法

① 菜单命令："修改"→"拉伸"。

② 面板："修改"面板上的 拉伸 按钮。

③ 命令：STRETCH 或简写 S。

（2）设定拉伸距离和方向的方式

① 在屏幕上指定两个点，这两个点的距离和方向代表了拉伸实体的距离和方向。

② 使用"位移（D）"选项。执行该选项后，系统提示"指定位移"，此时，以"x,y"方式输入沿 X、Y 轴拉伸的距离，或以"距离<角度"方式输入拉伸的距离和方向。

2. 按比例缩放对象

使用 SCALE 命令可以将对象按指定的比例因子相对于基点放大或缩小，使用此命令时，可以用下面两种方式缩放对象。

选择缩放对象的基点，然后输入缩放比例因子。在缩放图形的过程中，缩放基点在屏幕上的位置将保持不变，它周围的图元将以此点为中心按给定的比例放大或缩小。

输入一个数值或拾取两点来指定一个参考长度（第一个数值），然后再输入新的数值或拾取另外一点（第二个数值），系统将计算两个数值的比例并以此比例作为缩放比例因子。当用户想将某一对象放大到特定尺寸时，就可以使用这种方法。

（1）命令启动方法

① 菜单命令："修改"→"缩放"。

② 面板："修改"面板上的 缩放 按钮。

③ 命令：SCALE 或简写 SC。

（2）命令选项

① 指定比例因子：直接输入缩放比例因子，系统将根据此比例因子缩放图形。若比例因子小于1，则缩小对象；若大于1，则放大对象。

② 复制（C）：缩放对象的同时复制对象。

③ 参照（R）：以参照方式缩放图形。用户输入参考长度及新长度后，系统将新长度与参考长度的比值作为缩放比例因子进行缩放。

3. 对齐实体

使用 ALIGN 命令可以同时移动、旋转一个对象使其与另一个对象对齐。例如，用户可以使图形对象中的某个点、某条直线或某一个面（三维实体）与另一实体的点、线、面对齐。操作过程中，用户只需按照 AutoCAD 的提示指定源对象与目标对象的一点、两点或三点，即可完成对齐操作。

命令启动方法如下。

① 菜单命令："修改"→"三维操作"→"对齐"。

② 面板："修改"面板上的 按钮。

③ 命令：ALIGN 或简写 AL。

任务布置

使用 LINE、CIRCLE、OFFSET、ROTATE、STRETCH 和 ALIGN 等命令绘制如图 2-78 所示的图形。

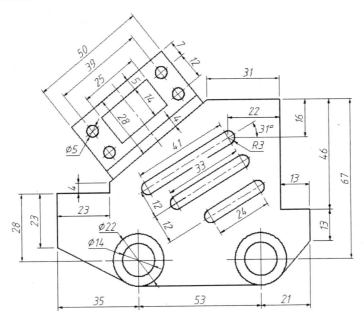

图 2-78　使用 LINE 等命令绘制图形

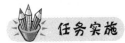

任务实施

（1）创建图层，设置粗实线宽度为 0.7，中心线、细实线宽度默认。设定绘图区域大小为 150×150。

（2）激活极轴追踪、对象捕捉及自动追踪功能。指定极轴追踪角度增量为 90°，设定对象捕捉方式为端点、交点。

（3）使用 LINE、CIRCLE 和 COPY 等命令绘制图形 A，如图 2-79 所示。

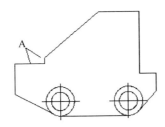

图 2-79　使用 LINE 等命令绘制图形

（4）使用 LINE、CIRCLE、OFFSET 和 COPY 等命令绘制图形 B，然后利用 ALIGN
命令将图形 B 对齐在图形 A 上，如图 2-80 所示。

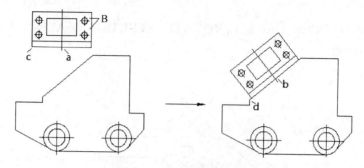

图 2-80　绘制图形 B 及对齐

对齐实体操作如下。

命令：_align	//单击"修改"面板上的 ▣ 按钮
选择对象：指定对角点：找到 19 个	//选择源对象 B
选择对象：	//按 Enter 键
指定第一个源点：	//捕捉第一个源点 a
指定第一个目标点：mid 于	//输入中点捕捉代号"mid"，捕捉第一个目标点中点 b
指定第二个源点：	//捕捉第二个源点 c
指定第二个目标点：	//捕捉第二个目标点 d
指定第三个源点或 <继续>：	//按 Enter 键
是否基于对齐点缩放对象？［是(Y)/否(N)］<否>：	//按 Enter 键不缩放源对象

（5）利用 LINE、CIRCLE、TRIM、COPY 命令绘制出图形 C、D、E，再利用 STRETCH 命令拉伸 D、E 得到图形 F，如图 2-81 所示。

图 2-81　绘制图形 C、D、E 及拉伸

拉伸 D 操作过程如下。

命令：_stretch	//单击"修改"面板上的 ▣拉伸 按钮
选择对象：	//单击 e 点
指定对角点：找到 5 个	//单击 f 点，即通过交叉窗口选择要拉伸的对象，凡在交叉窗口中的图元都被移动，而与交叉窗口相交的图元将被延伸或缩短
选择对象：	//按 Enter 键
指定基点或［位移(D)］<位移>：	//在屏幕上单击一点
指定第二个点或 <使用第一个点作为位移>：@-9,0	//输入第二点的相对坐标

（6）利用 ROTATE、COPY 等命令调整图形 F 的位置，完成图形绘制。

 **知识拓展**

控制图形显示的命令按钮

按住"导航"面板上 范围 按钮右侧向下的箭头会弹出很多控制图形显示的按钮,通过这些按钮,用户可以很方便地放大图形局部区域或观察图形全貌。

下面介绍这些按钮的功能。

1. 窗口缩放 窗口 按钮

系统尽可能大地将指定区域的图形显示在图形窗口中。

2. 动态缩放 动态 按钮

利用一个可平移并能改变其大小的矩形框缩放图形。用户可以先调整矩形框的大小,然后将此矩形框移动到要缩放的位置,按 Enter 键后,系统会将当前矩形框中的图形布满整个视图。

3. 比例缩放 缩放 按钮

以输入的比例值缩放视图。

4. 中心缩放 圆心 按钮

系统将以指定点为显示中心,并根据缩放比例因子或图形窗口的高度值显示一个新视图。缩放比例因子的输入方式是 nx,n 表示放大倍数。

5. 对象 按钮

将选择的一个或多个对象充满整个图形窗口显示出来,并使其位于绘图窗口的中心位置。

6. 放大 按钮

系统将当前视图放大一倍。

7. 缩小 按钮

系统将当前视图缩小为原来的1/2。

8. 全部缩放 全部 按钮

单击此按钮,系统将显示用户定义的图形界限或图形范围,具体取决于哪一个视图较大。

9. 范围缩放 范围 按钮

单击此按钮,系统将尽可能大地将整个图形显示在图形窗口中。

 课后作业

绘制如图 2-82 所示的图形。

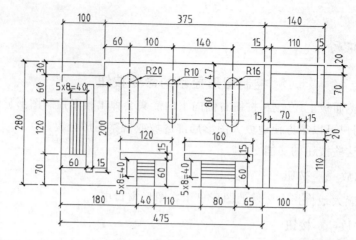

图 2-82　绘制平面图形

任务 9　利用关键点编辑方式绘图

（1）关键点编辑方式。
（2）改变对象属性、对象特性匹配。

关键点编辑方式是一种集成的编辑模式，该模式包含 5 种编辑方法：拉伸、移动、旋转、缩放、镜像。

默认情况下，系统的关键点编辑方式是开启的。当用户选择实体后，实体上将出现若干方框，这些方框被称为关键点。将十字光标靠近方框并单击，激活关键点编辑状态，此时系统将自动进入"拉伸"编辑方式，连续按下 Enter 键，就可以在所有编辑方式间进行切换。此外，用户也可在激活关键点后再单击，弹出快捷菜单，如图 2-83 所示，通过此菜单选择某种编辑方法。

在不同的编辑方式间进行切换时，系统为每种编辑方式提供的选项基本相同，其中"基点（B）""复制（C）"选项是所有编辑

图 2-83　快捷菜单

方式所共有的。

基点(B)：该选项使用户可以拾取某一个点作为编辑的基点。例如，当进入了旋转编辑模式，并要指定一个点作为旋转中心时，就使用"基点(B)"选项，默认情况下，编辑的基点是热关键点(选中的关键点)。

复制(C)：如果用户在编辑的同时还需复制对象，则选取此选项。

下面对关键点的编辑方式进行介绍。

1. 利用关键点拉伸对象

在拉伸编辑模式下，当热关键点是线段的端点时，将有效地拉伸或缩短对象。如果热关键点是线段的中点、圆或圆弧的圆心或者属于块、文字及尺寸数字等实体时，这种编辑方式将只能移动对象。

2. 利用关键点移动及复制对象

使用关键点移动模式可以编辑单一对象或一组对象，在此方式下使用"复制(C)"选项就能在移动实体的同时进行复制，这种编辑模式与普通的 MOVE 命令相似。

3. 利用关键点旋转对象

旋转对象的操作是绕旋转中心进行的，当使用关键点编辑模式时，热关键点就是旋转中心，用户也可以指定其他点作为旋转中心。这种编辑方法与 ROTATE 命令相似，它的优点是一次可将对象旋转且复制到多个方位。

4. 利用关键点缩放对象

关键点编辑方式也提供了缩放对象的功能，当切换到缩放模式时，当前激活的热关键点就是缩放的基点。用户可以输入比例系数对实体进行放大或缩小，也可以利用"参照(R)"选项将实体缩放到某一尺寸。

5. 利用关键点镜像对象

进入镜像模式后，系统直接提示"指定第二点"。默认情况下，热关键点是镜像线的第一点，在拾取第二点后，此点便与第一点一起形成镜像线。如果用户要重新设定镜像线的第一点，就选取"基点(B)"选项。

绘制如图 2-84 所示的图形。

(1) 设定绘图区域的大小为 1000×1000。

(2) 激活极轴追踪、对象捕捉及自动追踪功能。指定极轴追踪角度增量为 90°，设定对象捕捉方式为端点、交点，设置仅沿正交方向自动追踪。

(3) 使用 LINE、OFFSET 等命令绘制图形 A，如图 2-85 所示。

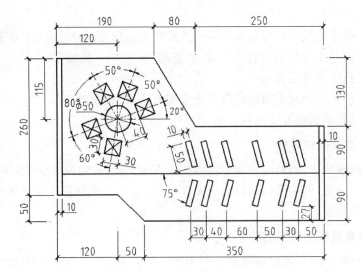

图 2-84   利用关键点编辑方式绘图

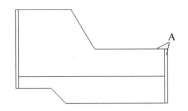

图 2-85   绘制图形 A

（4）使用 OFFSET、LINE 和 CIRCLE 等命令绘制图形 B，如图 2-86（a）所示。用关键点编辑方式编辑图形 B 以形成图形 C，如图 2-86（b）所示。

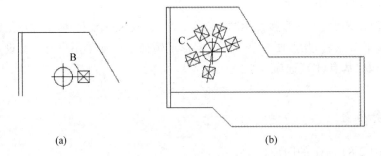

(a)   (b)

图 2-86   绘制图形 B、C

利用编辑点方式旋转操作过程如下。

命令：	//选择图形 B
命令：	//选中任意一个关键点
** 拉伸 **	//进入拉伸模式
指定拉伸点或［基点（B）/复制（C）/放弃（U）/退出（X）］：	//按 Enter 键进入移动模式

** MOVE **
指定移动点或［基点（B）/复制（C）/放弃（U）/退　　　//按 Enter 键进入旋转模式
出（X）］：
** 旋转 **
指定旋转角度或［基点（B）/复制（C）/放弃（U）/参　　//使用"基点（B）"选项指定旋转中心
照（R）/退出（X）］：b
指定基点：　　　　　　　　　　　　　　　　　　　　//捕捉圆的圆心作为旋转中心
** 旋转 **
指定旋转角度或［基点（B）/复制（C）/放弃（U）/参　　//使用"复制（C）"选项旋转复制多个
照（R）/退出（X）］：c
** 旋转（多重） **
指定旋转角度或［基点（B）/复制（C）/放弃（U）/参　　//输入旋转角度
照（R）/退出（X）］：20
** 旋转（多重） **
指定旋转角度或［基点（B）/复制（C）/放弃（U）/参　　//输入旋转角度
照（R）/退出（X）］：70
** 旋转（多重） **
指定旋转角度或［基点（B）/复制（C）/放弃（U）/参　　//输入旋转角度
照（R）/退出（X）］：120
** 旋转（多重） **
指定旋转角度或［基点（B）/复制（C）/放弃（U）/参　　//输入旋转角度
照（R）/退出（X）］：200
** 旋转（多重） **
指定旋转角度或［基点（B）/复制（C）/放弃（U）/参　　//输入旋转角度
照（R）/退出（X）］：260
** 旋转（多重） **
指定旋转角度或［基点（B）/复制（C）/放弃（U）/参　　//按 Enter 键结束命令
照（R）/退出（X）］：

旋转复制完成后，删除多余的图形 B，即形成图形 C。

（5）使用 OFFSET、TRIM 命令绘制图形 D，用关键点编辑方式编辑图形 D 以形成图形 E，过程如图 2-87 所示。

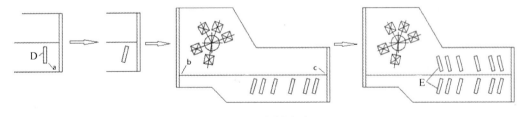

图 2-87　绘制图形 E

操作过程如下。

① 用关键点编辑方式旋转 D

命令：　　　　　　　　　　　　　　　　　　　　　　　//选择线框 D
命令：　　　　　　　　　　　　　　　　　　　　　　　//选中关键点 a
** 拉伸 **　　　　　　　　　　　　　　　　　　　　　//进入拉伸模式

指定拉伸点或［基点(B)/复制(C)/放弃(U)/退出(X)］：   //右键菜单中选择"旋转"

** 旋转 **   //进入旋转模式

指定旋转角度或［基点(B)/复制(C)/放弃(U)/参照(R)/   //输入旋转角度

退出(X)］：－15

② 用关键点编辑方式复制

命令：   //选择旋转后的线框 D

命令：   //选中任意一个关键点

** 拉伸 **   //进入拉伸模式

指定拉伸点或［基点(B)/复制(C)/放弃(U)/退出(X)］：   //按 Enter 键进入移动模式

** MOVE **

指定移动点或［基点(B)/复制(C)/放弃(U)/退出(X)］：c   //选择"复制(C)"选项

** MOVE（多个）**

指定移动点或［基点(B)/复制(C)/放弃(U)/退出(X)］：30   //水平向左追踪 30

** MOVE（多个）**

指定移动点或［基点(B)/复制(C)/放弃(U)/退出(X)］：80   //水平向左追踪 80

** MOVE（多个）**

指定移动点或［基点(B)/复制(C)/放弃(U)/退出(X)］：140   //水平向左追踪 140

** MOVE（多个）**

指定移动点或［基点(B)/复制(C)/放弃(U)/退出(X)］：180   //水平向左追踪 180

** MOVE（多个）**

指定移动点或［基点(B)/复制(C)/放弃(U)/退出(X)］：210   //水平向左追踪 210

** MOVE（多个）**

指定移动点或［基点(B)/复制(C)/放弃(U)/退出(X)］：   //按 Enter 键结束命令

③ 用关键点编辑方式镜像

命令：指定对角点或［栏选(F)/圈围(WP)/圈交(CP)］：   //用交叉窗口选择所有线框

命令：   //选中任意一个关键点

** 拉伸 **   //进入拉伸模式

指定拉伸点或［基点(B)/复制(C)/放弃(U)/退出(X)］：   //右键菜单中选择"镜像"

** 镜像 **   //进入镜像模式

指定第二点或［基点(B)/复制(C)/放弃(U)/退出(X)］：c   //选择"复制(C)"选项

** 镜像（多重）**

指定第二点或［基点(B)/复制(C)/放弃(U)/退出(X)］：b   //选择"基点(B)"选项

指定基点：   //拾取 b 点

** 镜像（多重）**

指定第二点或［基点(B)/复制(C)/放弃(U)/退出(X)］：   //拾取 c 点

** 镜像（多重）**

指定第二点或［基点(B)/复制(C)/放弃(U)/退出(X)］：   //按 Enter 键结束命令

 知识拓展

1. 用 PROPERTIES 命令改变对象属性

AutoCAD 中，对象属性是指系统赋予对象的颜色、线型、图层、高度及文字样式等特

性。例如,直线和曲线包含图层、线型及颜色等属性项目,而文本则具有图层、颜色、字体及字高等特性。改变对象属性一般可通过 PROPERTIES 命令,使用该命令时,系统将打开"特性"对话框,该对话框列出了所选对象的所有属性,用户通过该对话框就可以很方便地修改对象属性。

命令启动方法如下。

(1) 菜单命令:"修改"→"特性"。

(2) 面板:"视图"选项卡下"选项板"面板上的 按钮。

(3) 命令:PROPERTIES 或简写 PROPS。

2. 对象特性匹配

MATCHPROP 命令是一个非常有用的编辑工具,用户可以使用此命令将源对象的属性(如颜色、线型、图层和线型比例等)传递给目标对象,类似于 Word 中的格式刷。操作时,用户要选择两个对象,第一个为源对象,第二个是目标对象。

命令启动方法如下。

(1) 菜单命令:"修改"→"特性匹配"。

(2) 面板:"默认"选项卡下"特性"面板上的 按钮。

(3) 命令:MATCHPROP 或简写 MA。

 课后作业

绘制如图 2-88 所示的图形。

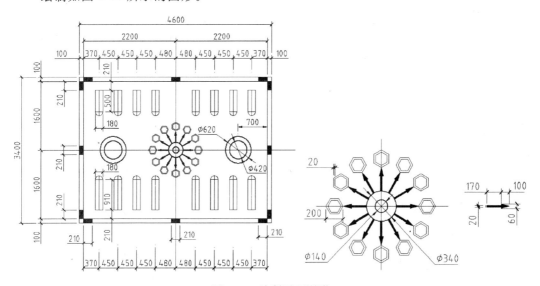

图 2-88　绘制平面图形

任务 10　书 写 文 字

 **教学目标**

(1) 创建国标文字样式。

(2) 创建单行及多行文字。

(3) 编辑文字。

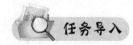 **任务导入**

图样中一般都含有文字注释,它们表达了许多重要的非图形信息,如图形对象注释、标题栏信息及规格说明等。完备且布局适当的文字项目不仅使图样能更好地表现出设计思想,同时也使图纸本身显得清晰整洁。

在 AutoCAD 中有两类文字对象,一类是单行文本,另一类是多行文本,它们分别由 DTEXT 和 MTEXT 命令来创建。一般来说,一些比较简短的文字项目,如标题栏信息、尺寸标注说明等,常常采用单行文字;而对带有段落格式的信息,如工程概况、设计说明等,则常使用多行文字。

 **相关知识**

1. 文字样式

文字样式主要是控制与文本关联的字体、字符宽度、文字倾斜角度及高度等项目,另外,用户还可通过它设计出相反的、颠倒的以及竖直方向的文本。用户可以针对每一种不同风格的文字创建对应的文字样式,这样在输入文本时就可以使用相应的文字样式来控制文本的外观。例如,用户可建立专门用于控制尺寸标注文字及设计说明文字外观的文本样式。

(1) 创建国标文字样式

① 执行菜单命令"格式"→"文字样式"或输入 STYLE 命令,或者单击"注释"面板上的 A 按钮,打开"文字样式"对话框,如图 2-89 所示。

② 单击"新建(N)"按钮,打开"新建文字样式"对话框,在"样式名"文本框中输入文字样式的名称"国际文字样式",如图 2-90 所示。

③ 单击"确定"按钮,返回"文字样式"对话框,在"SHX 字体"下拉列表中选择 gbenor.shx,勾选"使用大字体",然后在"大字体"下拉列表中选择 gbcbig.shx,如图 2-89 所示。

④ 单击"应用"按钮完成国际文字样式的创建。

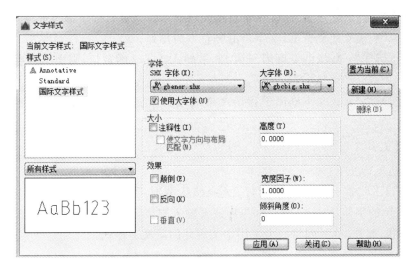

图 2-89 "文字样式"对话框

图 2-90 "新建文字样式"对话框

（2）"文字样式"对话框说明

① "样式"选择框：显示图样中所有文字样式的名称，用户可从中选择一个。

② "新建"按钮：单击此按钮，就可以创建新文字样式。

③ "置为当前"按钮：将在"样式"下选定的文字样式设为当前样式。

④ "删除"按钮：在"样式"下选择一个文字样式，再单击此按钮就可以将文字样式删除。当前样式和正在使用的文字样式不能被删除。

⑤ "SHX 字体"：在此下拉列表中罗列了所有字体的清单。带有双 T 标志的字体是 Windows 系统提供的 TrueType 字体，其他字体是 AutoCAD 自带的字体（*.shx），其中 gbenor.shx 和 gbetic.shx（斜体西文）字体是符合国家标准的工程字体。

⑥ "使用大字体"：大字体是指专为亚洲国家设计的文字字体。其中，"gbcbig.shx"字体是符合国家标准的工程汉子字体，该字体文件还包含一些常用的特殊符号，由于它不包含西文字体的定义，因而使用时可将其与 gbenor.shx 和 gbetic.shx 字体配合使用。

⑦ "字体样式"：取消对"使用大字体"复选项的选取，此时将会出现"字体样式"下拉列表。如果用户选择的字体支持不同的样式，如粗体或斜体等，就可在"字体样式"下拉列表中选择一个。

⑧ "高度"：输入字体的高度。如果用户在该文本框中指定了文本高度，则当使用 DTEXT（单行文字）命令时，系统将不提示"指定高度"。

⑨ "颠倒"：选取此复选框，文字将上下颠倒显示。该复选框仅影响单行文字。

⑩ "反向"：选取此复选框，文字将首尾反向显示。该复选框仅影响单行文字。

⑪ "垂直"：选取此复选框，文字将沿竖直方向排列。

⑫ "宽度因子"：默认的宽度因子为 1。若输入小于 1 的数值，则文本将变窄，否则文本变宽。

⑬ "倾斜角度"：该文本框用于指定文本的倾斜角度，角度值为正时向右倾斜，为负时向左倾斜。

2. 单行文字

(1) 创建单行文字

执行 DTEXT 命令可以创建单行文字，默认情况下，该文字所关联的文字样式是 Standard，采用的字体是 txt. shx。如果用户要输入中文，应修改当前文字样式，使其与中文字体相关联，此外，也可创建一个采用中文字体的新文字样式。

① 命令启动方法。

菜单命令："绘图"→"文字"→"单行文字"。

面板："注释"面板上的 A[单行文字 按钮。

命令：DTEXT 或简写 DT。

② 命令选项。

样式(S)：指定当前文字样式。

对正(J)：设定文字的对齐方式。

(2) 单行文字的对齐方式

执行 DTEXT 命令后，系统提示用户输入文本的插入点，此点和实际字符的位置关系由对齐方式决定。对于单行文字来说，系统提供了 10 多种对正选项，默认情况下，文本是左对齐的，即指定的插入点是文字的左基线点，如图 2-91 所示。

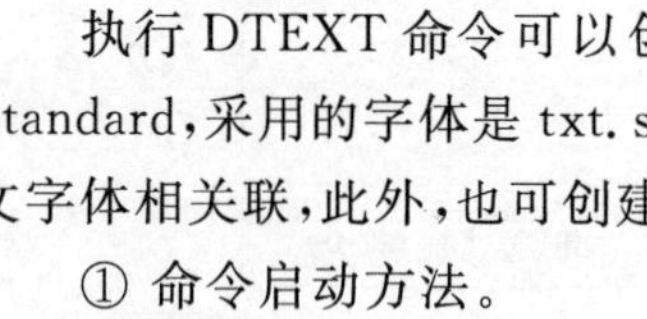

文字的对齐方式

左基线点

图 2-91　左对齐方式

(3) 在单行文字中加入特殊字符

工程图中用到的许多符号都不能通过标准键盘直接输入，如文字的下划线、直径代号等。当利用 DTEXT 命令创建文字注释时，必须输入特殊的代码来产生特定的字符，这些代码及其对应的特殊符号见表 2-5。

表 2-5　特殊字符的代码对照表

代　　码	字　　符	代　　码	字　　符
%%o	文字的上划线	%%p	表示"±"
%%u	文字的下划线	%%c	直径代号
%%d	角度的度符号		

3. 多行文字

使用 MTEXT 命令可以创建复杂的文字说明。用 MTEXT 命令生成的文字段落称为多行文字，它可由任意数目的文字行组成，所有的文字构成一个单独的实体。使用 MTEXT 命令时，可以指定文本分布的宽度，文字沿竖直方向可无限延伸。另外，用户还能设置多行文字中单个字符或某一部分文字的属性（包括文本的字体、倾斜角度和高度等）。

（1）创建多行文字

执行 MTEXT 命令创建多行文字时，要建立一个文本框，此边框表明了段落文字的左右边界，建立文本边框后，系统将弹出"文字编辑器"选项卡及顶部带标尺的文字输入框，这两部分组成了多行文字编辑器，如图 2-92 所示。利用此编辑器用户可方便地创建文字并设置文字样式、对齐方式、字体及字高等。

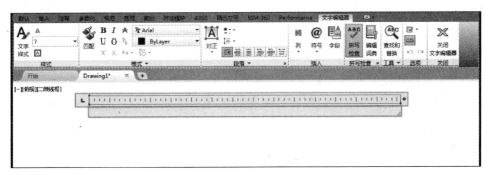

图 2-92　多行文字编辑器

在文字输入框中输入文本，当文本到达定义边框的右边界时，按 Shift＋Enter 组合键换行，若只按 Enter 键换行，则表示已输入的文字构成一个段落。

（2）文字编辑器的主要功能说明

① "文字编辑器"选项卡

"样式"面板：设置多行文字的文字样式。

"字体"下拉列表：从此列表中选择需要的字体，多行文字对象中可以包含不同字体的字符。

"字体高度"文本框：从此下拉列表中选择或输入文字高度，多行文字对象中可以包含不同高度的字符。

B 按钮：如果所选用字体支持粗体，则可以通过此按钮将文本修改为粗体形式，按下该按钮为打开状态。

"文字颜色"下拉列表：为输入的文字设定颜色或修改已选定文字的颜色。

按钮：打开或关闭文字输入框上部的标尺。

按钮：设定文字的对齐方式，这 6 个按钮的功能分别为默认、左对齐、居中、右对齐、对正和分散对齐。

按钮：设定段落文字的行间距。

@按钮：单击此按钮，弹出菜单，该菜单包含许多常用符号。

0/ 0 ：设定文字的倾斜角度。

a·b 1 ：控制字符间的距离。输入大于 1 的数值，将增大字符间距，否则缩小字符间距。

o 1 ：设定文字的宽度因子。输入小于 1 的数值，文本将变窄，否则文本变宽。

图 按钮：设置多行文字的对正方式。

② 文本输入框

标尺：设置首行文字及段落文字的缩进，还可设置制表位。

快捷菜单：在文本输入框中右击，弹出快捷菜单，该菜单中包含一些标准编辑选项和多行文字特有的选项，如图 2-93 所示。

4. 编辑文字

编辑文字的常用方法有以下两种。

(1) 使用 DDEDIT 命令编辑单行或多行文字。选择不同对象，系统将打开不同的对话框。针对单行或多行文字，系统将分别打开"编辑文字"对话框和多行文字编辑器。使用 DDEDIT 命令编辑文本的优点是，此命令连续地提示用户选择要编辑的对象，因而只要执行 DDEDIT 命令，就能一次修改多个文字对象。

(2) 使用 PROPERTIES 命令修改文本。选择要修改的文字后，执行 PROPERTIES 命令，打开"特性"对话框，在该对话框中用户不仅能修改文本的内容，还能编辑文本的其他许多属性，如倾斜角度、对齐方式、高度和文字样式等。

图 2-93　快捷菜单

任务布置

(1) 按 1∶1 的比例设置 A3 图幅(横装)一张，留装订边，画出图框线。

(2) 按国家标准规定设置有关的文字样式，然后画出并填写如图 2-94 所示的标题栏，不标注尺寸。

图 2-94　标题栏

任务实施

(1) 设定图形界限为 450×300，全部缩放。

(2) 打开"图层特性管理器"对话框，新建图层粗实线层和细实线层，如图 2-95 所示。

图 2-95 新建图层

（3）按 1∶1 的比例设置 A3 图幅（横装），外框尺寸为长×高，即 420mm×297mm，装订线边距离 25mm，其余为 5mm。用 RECTANG 命令画图框，以外框左下角点为基点，其他点输入的相对坐标如图 2-96 所示。画完外框后，内框用 OFFSET 和 TRIM 命令完成。

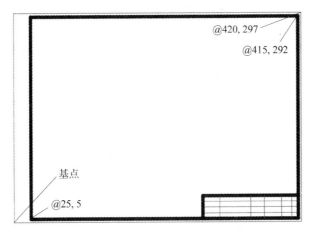

图 2-96 A3 图框和标题栏

（4）按尺寸画右下角标题栏，用 LINE 命令绘制，用 OFFSET 和 TRIM 命令编辑。

注意：图幅边框内框线以及标题栏外框线需绘制在粗实线层，其他边框线及文字绘制在细实线层。

（5）设置文字样式，打开"注释"面板下拉列表，单击 A 按钮打开"文字样式"对话框。创建新文字样式，并使该样式成为当前样式。设置新样式的名称为"工程文字样式"，与其相关联的字体文件是 gbenor. shx 和 gbcbig. shx。

（6）书写文字。

① 使用 DTEXT 命令在表格的第 1 行中书写文字"考生姓名"，如图 2-97 所示。

命令：DTEXTED
输入 DTEXTED 的新值 <2>：1   //设置系统变量 DTEXTED 为 1，否则只能一次在一
                                      个位置输入文字
命令：DTEXT
指定文字的起点或 [对正(J)/样式(S)]：   //在 A 点处单击
指定高度 <2.5000>：3.5   //输入文本高度
指定文字的旋转角度 <0>：   //按 Enter 键指定文本的旋转角度为 0°
输入文字：考生姓名   //输入文字
输入文字：   //按 1 次 Enter 键换行，再按 1 次 Enter 键结束命令

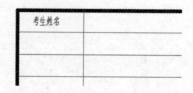

图 2-97　书写单行文字"考生姓名"

② 使用 COPY 命令将"考生姓名"复制到 B、C 点,如图 2-98 所示。

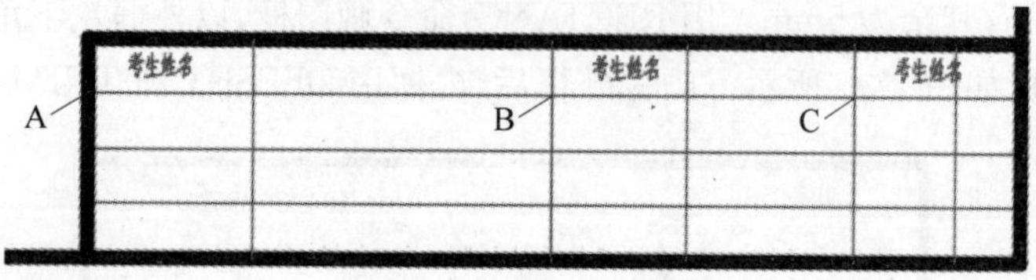

图 2-98　复制文字

③ 使用 DDEDIT 命令或直接双击文字修改文字内容,再使用 MOVE 命令调整"题号"和"成绩"的位置,结果如图 2-99 所示。

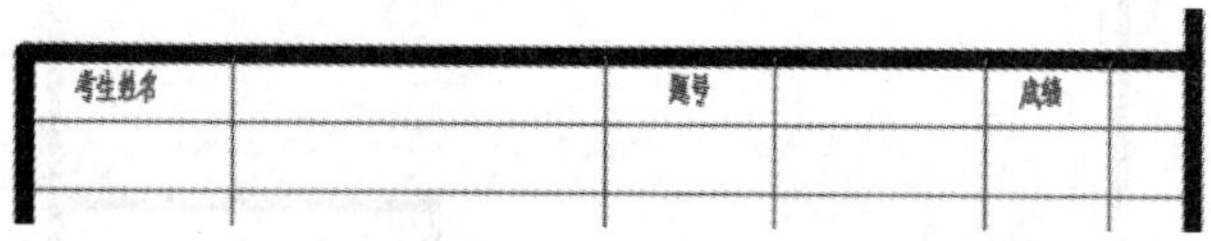

图 2-99　修改文字内容并调整其位置

④ 把已经填写完成的文字向下复制,如图 2-100 所示。

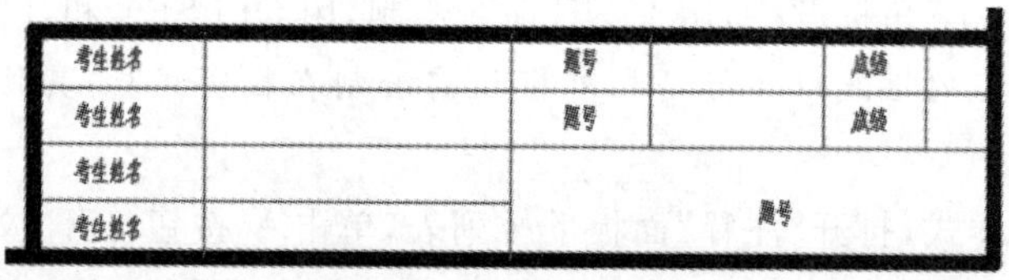

图 2-100　向下复制文字

⑤ 使用 DDEDIT 命令或直接双击文字,修改文字内容,结果如图 2-101 所示。

图 2-101　修改文字内容

⑥ 使用 MOVE 命令调整"出生年月日"的位置。

⑦ 选择文字"(考生单位)",右击,选择"特性",修改文字高度为 5,并使用 MOVE 命令调整位置,完成效果如图 2-102 所示。

考生姓名		题号		成绩	
准考证号码		出生年月日		性别	
身份证号码		(考生单位)			
评卷姓名					

图 2-102 修改文字高度及调整位置

 知识拓展

1. 创建及编辑表格对象

在 AutoCAD 中可以生成表格对象。创建该对象时,系统首先生成一个空白表格,随后用户可在该表格中填入文字信息。用户可以很方便地修改表格的宽度、高度及表中文字,还可按行、列方式删除表格单元或合并表中的相邻单元。

2. 表格样式

表格对象的外观由表格样式控制。默认情况下的表格样式是 Standard,用户也可以根据需要创建新的表格样式。Standard 表格的外观如图 2-103 所示,其中第一行是标题行,第二行是列标题行,其他行是数据行。

图 2-103 Standard 表格的外观

在表格样式中,用户可以设定标题文字和数据文字的文字样式、字高、对齐方式及表格单元的填充颜色,还可设定单元边框的线宽和颜色,以及控制是否将边框显示出来等。

3. 创建及修改空白表格

使用 TABLE 命令创建空白表格,空白表格的外观由当前表格样式决定。使用该命令时,用户要输入的主要参数有"行数""列数""行高"及"列宽"等。

命令启动方法如下。

(1) 菜单命令:"绘图"→"表格"。

(2) 面板:"注释"面板上的 ▦ 按钮。

(3) 命令:TABLESTYLE。

执行 TABLE 命令,系统将打开"插入表格"对话框,如图 2-104 所示。在该对话框中用户可选择表格样式,并指定表的行、列数目及相关尺寸来创建表格。

4. 在表格中填写文字

在表格单元中可以很方便地填写文字信息。使用 TABLE 命令创建表格后,系统会

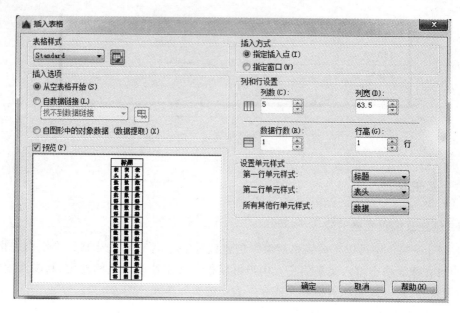

图 2-104 "插入表格"对话框

高亮显示表格的第一个单元,同时打开"表格单元"选项卡,此时即可输入文字。此外,用户双击某一单元也能将其激活,从而可在其中填写或修改文字。当要移动到相邻的下一个单元时,可按 Tab 键,或使用箭头键向左(右、上、下)移动。

本任务也可进行如下操作,A3 图框以及文字样式的设置同任务实施中步骤一致。表格部分如下。

(1) 创建表格样式

① 启动 TABLESTYLE 命令或者在"注释"面板中单击 ▦ 按钮,打开"表格样式"对话框,如图 2-105 所示。利用该对话框可以新建、修改及删除表格样式。

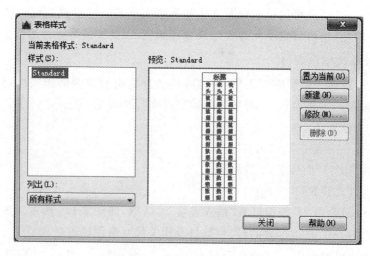

图 2-105 "表格样式"对话框

② 单击 新建(N)... 按钮,弹出"创建新的表格样式"对话框,在"基础样式"下拉列表中
选择新样式的原始样式 Standard,该原始样式为新样式提供默认设置。接着在"新样式
名"文本框中输入新样式的名称"表格样式-1",如图 2-106 所示。

③ 单击 继续 按钮,打开"新建表格样式"
对话框。该对话框中"单元样式"下拉列表中,有标
题、表头、数据,可分别对这三种单元样式进行设
置,每个单元样式有"常规""文字""边框"3 个选项
卡,通过这些选项卡用户就能设定所有单元的外
观。在"单元样式"下拉列表中,选择数据,设置如
图 2-107 所示。

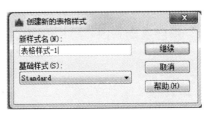

图 2-106 "创建新的表格样式"对话框

图 2-107 "常规""文字""边框"3 个选项卡设置

④ 单击"确定"按钮返回"表格样式"对话框,再单击"置为当前"按钮,使新的表格样
式成为当前样式。

(2) 创建空白表格

① 启动 TABLE 命令或者单击"注释"面板上的 表格 ,打开"插入表格"对话框,在该
对话框中输入表格的参数,如图 2-108 所示。

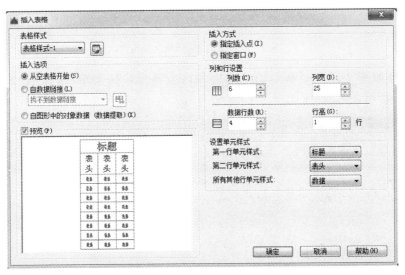

图 2-108 "插入表格"对话框

② 单击 确定 按钮关闭对话框,创建如图 2-109 所示表格。

③ 选中第 1、2 行,右击,弹出快捷菜单,选择"行"→"删除",删除表格的第 1、2 行,结果如图 2-110 所示。

④ 选择所有单元格,右击,弹出快捷菜单,选择"特性",在"特性"对话框中,将"单元高度"值改为 8,如图 2-111 所示。

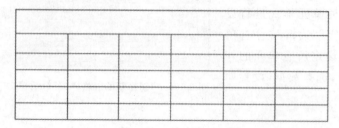

图 2-109　创建表格

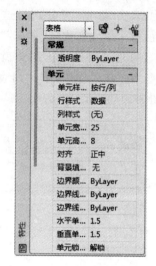

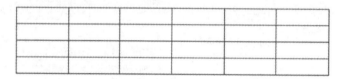

图 2-110　删除行

图 2-111　"表格"快捷菜单

⑤ 按 Esc 键取消选择,然后再选择第 2 列,在"特性"对话框中,将"单元宽度"值改为 45,同样的方式,将第 3、5、6 列的"单元宽度"值依次改为 20、15、10。关闭"特性"对话框,表格如图 2-112 所示。

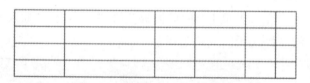

图 2-112　修改表格"单元宽度"

⑥ 选择如图 2-113(a)所示的单元格,右击,弹出快捷菜单,选择"合并",结果如图 2-113(b)所示。

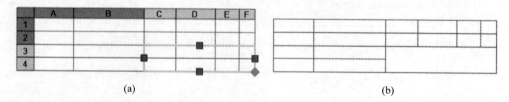

(a)　　　　　　　　　　　　　　　　　(b)

图 2-113　合并单元格

(3) 在表格中填写文字

① 双击表格左上角的第一个单元将其激活,在其中输入文字,如图 2-114 所示。

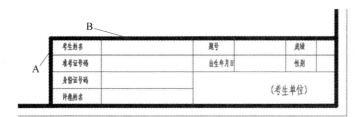

图 2-114　在左上角的第一个单元中输入文字

② 使用箭头键进入其他表格单元继续填写文字。

③ 选中"(考生单位)",右击,单击"特性",打开"特性"对话框,在"文字高度"栏中输入数值 5。

（4）分解表格及修改线层

使用 MOVE 指令将表格移到 A3 框右下角,选择表格,单击"修改"面板中 ![按钮] 按钮,将表格分解成直线和文字。然后选择直线 A、B 将其修改至粗实线层,如图 2-115 所示。

图 2-115　分解表格及修改线层

绘制表格及填写表格,结果如图 2-116 所示,不要求标注尺寸。

门窗编号	洞口尺寸	数量	位置
M1	4260X2700	2	阳台
M2	1500X2700	1	主入口
C1	1800X1800	2	楼梯间
C2	1020X1500	2	卧室
20	40	15	30

图 2-116　绘制表格

任务 11　标 注 尺 寸

（1）创建国标尺寸样式。

（2）标注水平、竖直及倾斜方向尺寸。

（3）创建对齐尺寸。

（4）创建连续型及基线型尺寸。

（5）使用角度尺寸样式簇标注角度。

（6）利用尺寸覆盖方式标注直径及半径尺寸。

（7）编辑尺寸标注。

尺寸是建筑工程图中的一项重要内容,用来描述设计对象中各组成部分的大小及相对位置关系,是工程施工的重要依据。

在图纸设计中标注尺寸是一个关键环节,又是一项细致而烦琐的工作,AutoCAD 提供了一套完整的、灵活的尺寸标注系统,使用户可以轻松地完成这项工作。

1. 尺寸样式

创建尺寸标注时,标注的外观是由当前尺寸样式控制的,系统提供了两个默认的尺寸样式 ISO-25、Standard,用户可以修改一个样式,或者新建自己的尺寸样式。修改或新建尺寸标注样式可通过"标注样式管理器"完成,打开"注释"面板的下拉列表,单击 按钮,可打开"标注样式管理器"对话框,如图 2-117 所示,当前标注样式为 ISO-25。

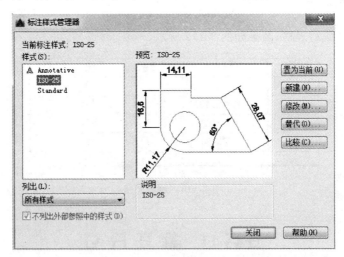

图 2-117　"标注样式管理器"对话框

2. 标注尺寸

通过"注释"选项卡中的"标注"面板上的功能进行标注水平、竖直、倾斜方向的尺寸,创建连续型及基线型尺寸,标注角度、直径、半径尺寸等。"标注"面板如图 2-118所示。

图 2-118　"标注"面板

(1) 标注水平、竖直及倾斜方向的尺寸

使用 DIMLINEAR 命令可以标注水平、竖直及倾斜方向的尺寸。标注时,若要使尺寸线倾斜,可输入 R 选项,然后再输入尺寸线的倾角即可。

① 命令启动方法

菜单命令:"标注"→"线性"。

面板:"注释"面板上的 ⊢线性 按钮。

命令:DIMLINEAR 或简写 DIMLIN。

② 命令选项

多行文字(M):使用该选项将打开文字编辑器,用户利用此编辑器可输入新的标注文字。

文字(T):此选项使用户可以在命令行上输入新的尺寸文字。

角度(A):通过该选项设置文字的放置角度。

水平(H)/垂直(V):创建水平或垂直型尺寸,用户也可以通过移动光标指定创建何种类型的尺寸。若左右移动光标,将生成垂直尺寸;若上下移动光标,将生成水平尺寸。

旋转(R):使用 DIMLINEAR 命令时,系统会自动将尺寸线调整成水平或竖直方向。"旋转(R)"选项可使尺寸倾斜一个角度,因此可利用此选项标注倾斜的对象。

(2) 创建对齐尺寸

要标注倾斜对象的真实长度可使用对齐尺寸,对齐尺寸的尺寸线平行于倾斜的标注对象。如果用户是选择两个点来创建对齐尺寸,则尺寸线与两点的连线平行。

命令启动方法如下。

① 菜单命令:"标注"/"对齐"。

② 面板:"注释"面板上的 ↖对齐 按钮。

③ 命令:DIMALIGNED 或简写 DIMALI。

(3) 创建连续型及基线型尺寸

连续型尺寸标注是一系列首尾相连的标注,而基线型尺寸标注是指所有的尺寸都从同一点开始标注,即它们共用一条尺寸界线。连续型和基线型尺寸的标注方法类似,在创建这两种形式的尺寸时,首先应建立一个尺寸标注,然后执行标注命令,当系统提示"指定第二条延伸线原点或[放弃(U)/选择(S)]<选择>:"时,可采取下面的操作方式。

直接拾取对象上的点。由于已事先建立了一个尺寸,因此系统将以该尺寸的第一条延伸线为基准线生成基线型尺寸,或者以该尺寸的第二条延伸线为基准线建立连续型尺寸。

若不想在前一个尺寸的基础上生成连续型或基线型尺寸,则按 Enter 键,系统将提示"选择连续标注:"或"选择基准标注:",此时可选择某条尺寸界线作为建立新尺寸的基准线。

① 连续型标注命令启动如下。

菜单命令:"标注"→"连续"。

面板:"注释"选项卡"标注"面板上的 连续 按钮。

命令:DIMCONTINUE 或简写 DIMCONT。

② 基线型标注命令启动如下。

菜单命令:"标注"→"基线"。

面板:"注释"选项卡"标注"面板上的 按钮。

命令:DIMBASELINE 或简写 DIMBASE。

(4) 使用角度尺寸样式簇标注角度

AutoCAD 可以生成已有尺寸样式(父样式)的子样式,该子样式也称为样式簇,用于控制某一特定类型的尺寸。例如,用户可以通过样式簇控制角度尺寸或直径尺寸的外观。当修改子样式中的尺寸变量时,其父样式将保持不变,反过来,当对父样式进行修改时,子样式中从父样式继承下来的特性将改变,而在创建子样式时新设定的参数将不变。

(5) 利用尺寸样式覆盖方式标注直径及半径尺寸

在标注直径和半径尺寸时,AutoCAD 自动在标注文字前面加入 φ 或 R 符号。实际标注中,直径和半径尺寸的标注形式多种多样,若通过当前样式的覆盖方式进行标注就非常方便。

① 直径命令启动方法如下。

菜单命令:"标注"→"直径"。

面板:"注释"面板上的 直径 按钮。

命令:DIMDIAMETER 或简写 DIMDIA。

② 半径命令启动方法如下。

菜单命令:"标注"→"半径"。

面板:"注释"面板上的 半径 按钮。

命令:DIMRADIUS 或简写 DIMRAD。

(6) 编辑尺寸标注

尺寸标注的各个组成部分,如文字的大小、尺寸起止符号的形式等,都可以通过调整尺寸样式进行修改,但当变动尺寸样式后,所有与此样式相关联的尺寸标注都将发生变化。如果仅仅想改变某一个尺寸的外观或标注文本的内容该怎么办?

① 修改尺寸标注文字。

如果仅仅是修改尺寸标注文字,那么最佳的方法是使用 DDEDIT 命令,执行该命令后,可以连续修改想要编辑的尺寸标注。

② 利用关键点调整标注的位置。

关键点编辑方式非常适用于移动尺寸线和标注文字,这种编辑模式一般通过尺寸线两端的或标注文字所在处的关键点来调整尺寸标注的位置。

③ 更新标注。

使用-DIMSTYLE命令的"应用(A)"选项(或单击"标注"面板上的 ⌐ᵈ↘ 按钮)可以方便地修改单个尺寸标注的属性。如果发现某个尺寸标注的格式不正确,可修改尺寸样式中的相关尺寸变量,注意要使用尺寸样式的覆盖方式进行修改,然后通过-DIMSTYLE命令使要修改的尺寸标注按新的尺寸样式进行更新。在使用此命令时,用户可以连续对多个尺寸标注进行编辑。

任务布置

打开素材文件2-4.dwg,对绘图比例为1:100的建筑平面图进行尺寸标注,结果如图2-119所示。

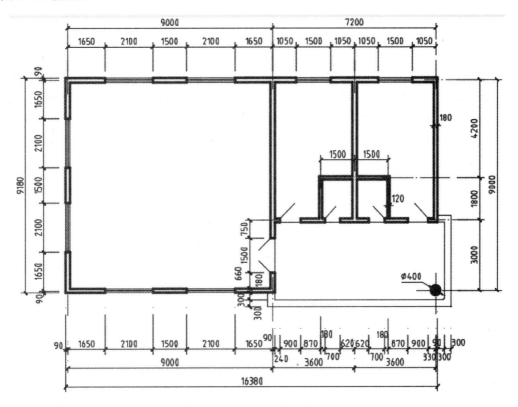

图2-119 标注建筑图

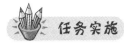

任务实施

(1) 创建文字样式,创建"标注文字",与其关联的字体文件是gbenor.shx和gbcbig.shx。

（2）创建标注样式"工程标注"，其操作步骤如下：

① 单击"注释"面板上的 ⊿ 按钮，打开"标注样式管理器"对话框。

② 单击 新建(N)... 按钮，打开"创建新标注样式"对话框，如图 2-120 所示。在该对话框的"新样式名"文本框中输入新的样式名"工程标注"，在"基础样式"下拉列表中指定某个尺寸样式作为新样式的基础样式，则新样式将包含基础样式的所有设置。默认下，"用于"下拉列表的默认选项是"所有标注"，指新样式将控制所有类型的尺寸。

图 2-120 "创建新标注样式"对话框

③ 单击 继续 按钮，打开"新建标注样式"对话框，如图 2-121 所示。该对话框有 7 个选项卡，在这些选项卡中可以进行如图 2-121～图 2-125 所示设置。其中"全局比例"为绘图比例的倒数，由于将标注的图纸按 1：100 打印，所以"使用全局比例"文本框中输入 100。设置完后，单击 确定 按钮创建好新的尺寸标注样式，再单击 置为当前(U) 按钮使新样式成为当前样式。

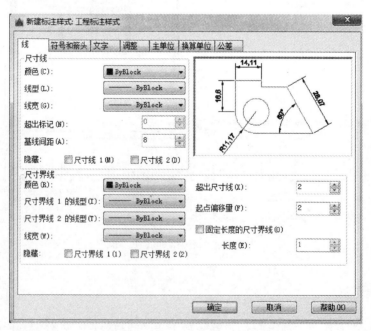

图 2-121 "线"选项卡设置

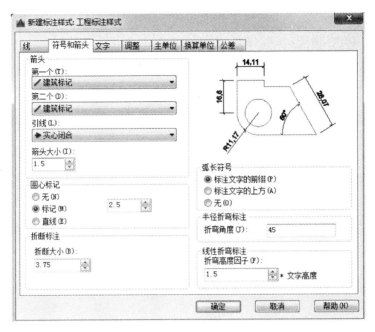

图 2-122 "符号和箭头"选项卡设置

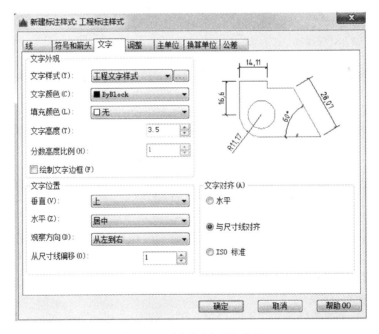

图 2-123 "文字"选项卡设置

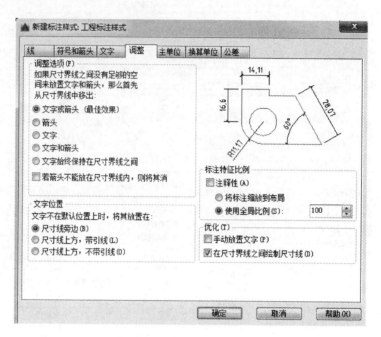

图 2-124　"调整"选项卡设置

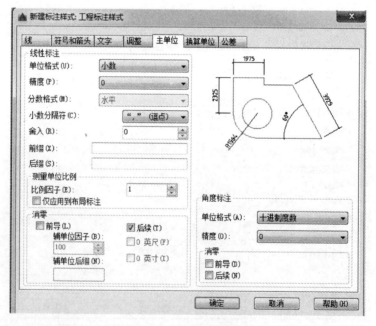

图 2-125　"主单位"选项卡设置

（3）激活对象捕捉，设置捕捉类型为端点、交点。

（4）标注长度尺寸。

① 使用"构造线"命令绘制水平辅助线 A 及竖直辅助线 B 和 C 等，竖直辅助线是墙体、窗户等结构的引出线，水平辅助线与竖直辅助线的交点 a、b、c、d、e、f、g、h、i、j、k、l 是标注尺寸的起始点和终止点，如图 2-126 所示。

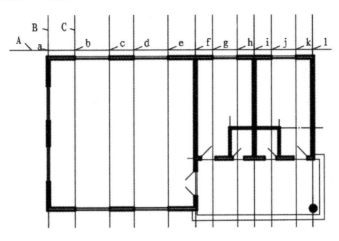

图 2-126　绘制辅助线 A、B、C

② 标注水平尺寸 1650，操作过程如下。

命令：_dimlinear

指定第一个尺寸界线原点或 <选择对象>：　　　　　　//选取第一条尺寸界限的起始点 a

指定第二条尺寸界线原点：　　　　　　　　　　　　//选取第二条尺寸界限的起始点 b

指定尺寸线位置或

[多行文字(M)/文字(T)/角度(A)/水平(H)/垂　　　//拖动鼠标光标将尺寸线放置在适当

直(V)/旋转(R)]：　　　　　　　　　　　　　　　位置，然后单击鼠标左键完成操作

③ 创建连续尺寸 2100、1500、2100 等，操作过程如下。

命令：_dimcontinue

选择连续标注：　　　　　　　　　　　　　　　　//指定尺寸 1650 的右界线为基准线

指定第二个尺寸界线原点或 [选择(S)/放弃(U)] <选择>：//指定点 c

指定第二个尺寸界线原点或 [选择(S)/放弃(U)] <选择>：//指定点 d

……

指定第二个尺寸界线原点或 [选择(S)/放弃(U)] <选择>：//指定点 k

指定第二个尺寸界线原点或 [选择(S)/放弃(U)] <选择>：//指定点 l

指定第二个尺寸界线原点或 [选择(S)/放弃(U)] <选择>：//按 Enter 键

选择连续标注：　　　　　　　　　　　　　　　　//按 Enter 键结束命令

效果如图 2-127 所示。

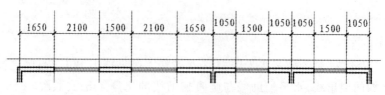

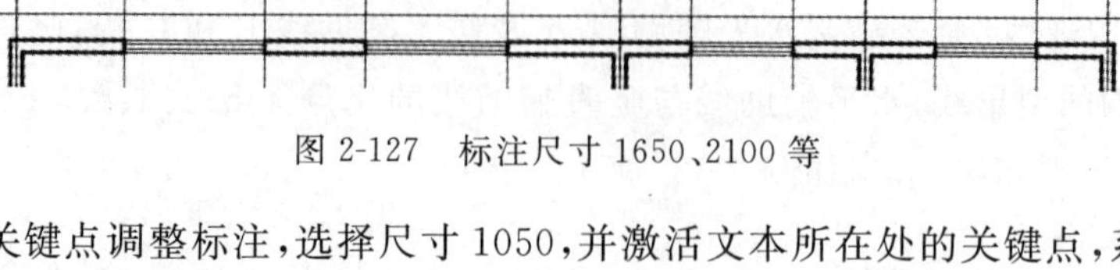

图 2-127   标注尺寸 1650、2100 等

④ 利用关键点调整标注,选择尺寸 1050,并激活文本所在处的关键点,系统将自动进入拉伸编辑模式。向下移动光标调整文本的位置,结果如图 2-128 所示。使用关键点编辑方式调整尺寸,标注另外几个 1050,结果如图 2-129 所示。

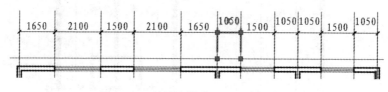

图 2-128   关键点模式调整文本的位置

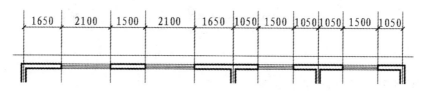

图 2-129   调整尺寸标注

⑤ 使用同样的方法标注平面图左边、右边及下边的轴线间距尺寸及结构细节尺寸。

(5) 标注圆形直径尺寸,具体操作如下。

① 标注平面图上柱子界面的直径,如图 2-130 所示。

命令:_dimdiameter   //单击“注释”面板上的 ⌀直径 按钮,执行
                                                DIMDIAMETER 命令
选择圆弧或圆: //选择平面图中柱子截面的外圆
指定尺寸线位置或 [多行文字(M)/文字(T)/角度(A)]://移动光标指定标注文字的位置

效果如图 2-130 所示。

② 单击 📐 按钮,打开“标注样式管理器”对话框。

③ 单击 替代(O)... 按钮,打开“替代当前样式”对话框,
如图 2-131 所示。

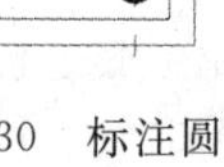

④ 选择“符号和箭头”选项卡,在“箭头”的“第一个”下拉
列表中选择“实心闭合”,“第二个”即自动改为“实心闭合”;
选择“文字”选项卡,在“文字对齐”区域中选择“水平”选项。

Ø400

图 2-130   标注圆直径

⑤ 返回主窗口,单击“注释”选项卡中的“标注”面板上 ┝ 按钮→DIMSTYLE 选择对象→选择“直径尺寸 400”→右击替代更新结束。直径尺寸效果图如图 2-132 所示。

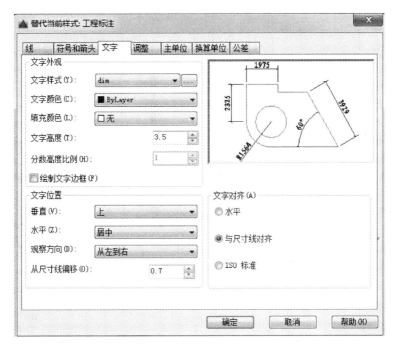

图 2-131 "替代当前样式"对话框

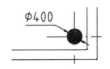

图 2-132 直径尺寸

⑥ 直接标注尚未标注的直径、半径尺寸。标注完成后,若要恢复原来的尺寸样式,就需进入"标注样式管理器"对话框,在此对话框的列表框中选择尺寸样式,然后单击 置为当前(U) 按钮,此时系统将打开一个提示性对话框,继续单击 确定 按钮完成设置。

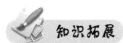

如图 2-133 所示,在同一张图纸中,图 2-133(a)建筑平面图的绘图比例为 1∶100,而图 2-133(b)的绘图比例为 1∶20,该怎么进行标注呢?

操作方法如下。

(1) 以"工程标注"为基础样式创建新样式,样式名为"工程标注 1-20",新样式的"主单位"选项卡中"测量单位比例"的"比例因子"设定为 0.2,除此之外,新样式的尺寸变量与基础样式的完全相同,如图 2-134 所示。

(2) 以"工程标注 1-20"为当前标注样式,对详图进行标注。标高的绘制此处不介绍,详见项目 3 的任务 4。

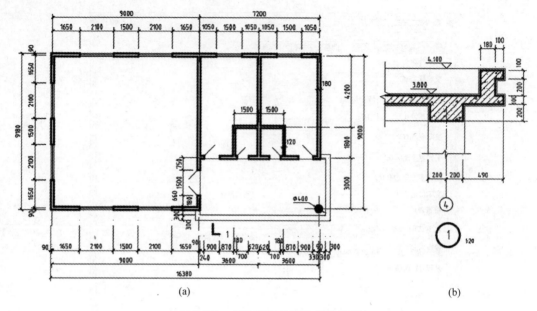

图 2-133　标注不同绘图比例的详图

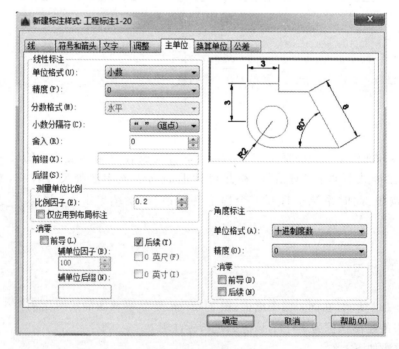

图 2-134　新建"工程标注 1-20"

　　注意：一般平面图、立面图、剖面图绘图比例均为 1∶100，而详图的绘图比例不同，如 1∶20。由于平面图、立面图、剖面图是按照 1∶1 的比例绘制的，所以 1∶20 的详图是真实尺寸的 5 倍，为使标注文字能正确反映出建筑物的实际大小，应设定标注数字比例因子为 0.2。

课后作业

打开素材文件 2-5.dwg,对绘图比例为 1∶100 的建筑平面图进行尺寸标注,结果如图 2-135 所示。

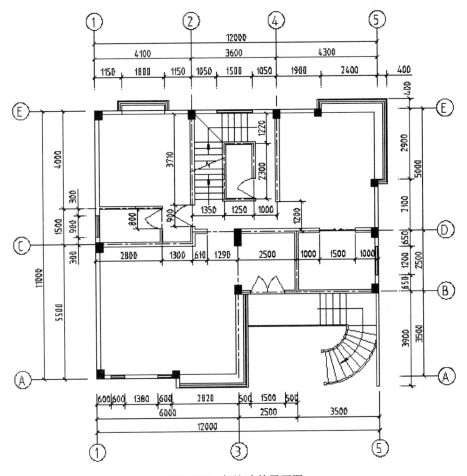

图 2-135 标注建筑平面图

项目

建筑工程制图的国家标准

　　工程图样是工程界的技术语言,为了使建筑图纸规格统一,图面简洁清晰,符合施工要求,利于技术交流,必须在图样的画法、图纸、字体、尺寸标注、采用的符号等方面有一个统一标准,因而有必要指定工程制图的国家标准。由国家建设部门批准颁布的有关建筑制图的国家标准有多种。本项目介绍常用的部分标准以及在 AutoCAD 建筑制图中的应用。

任务 1　绘制图纸幅面和图框

 **教学目标**

　　(1) 理解图纸幅面和图框的概念。
　　(2) 掌握图纸幅面和图框绘制标准。

 **任务导入**

　　图纸幅面指绘制图样的图纸的大小,分为基本幅面和加长幅面两种。

 **相关知识**

1. 图纸幅面

　　幅面代号有 A0、A1、A2、A3、A4 五种,图纸以短边作为垂直边的称为横式图纸(见图 3-1(a)),以短边作为水平边的称为立式图纸(见图 3-1(b))。一般 A0~A3 图纸宜横式使用。图纸的短边一般不应加长,长边可以按照国家标准的有关规定进行加长。

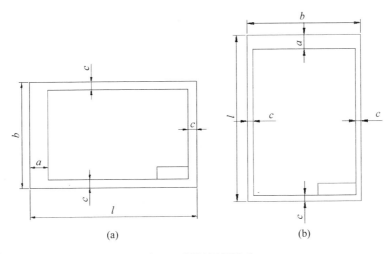

图 3-1　图纸图框尺寸

2. 图框

图框是图纸上绘图范围的边线,图纸上必须用粗实线画出图框,图框格式有留装订边和不留装订边两种。

3. 图纸幅面和图框绘制尺寸

图纸幅面和图框尺寸代号的意义见表 3-1。

表 3-1　图纸幅面和图框尺寸　　　　　　　　　　　　　mm

幅面代号 尺寸代号	A0	A1	A2	A3	A4
$b \times l$	841×1189	594×841	420×594	297×420	210×297
c		10			5
a			25		

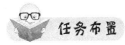

按 1∶1 的比例设置 A2 图幅(横装)一张,留装订边,画出图框线。

(1) 设定图形界限 1000×1000,全部缩放。

(2) 打开"图层特性管理器"对话框,新建图层粗实线层和细实线层,如图 3-2 所示。

(3) 绘制 A2 图纸幅面,$b \times l = 420 \text{mm} \times 594 \text{mm}$。

① 选择"细实线"为当前图层,单击右下角 ⊾ 按钮,开启正交模式。选择 ✎ 命令绘制
A2 图纸外框,如图 3-3 所示。

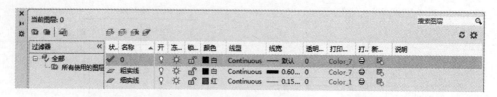

图 3-2　创建图层

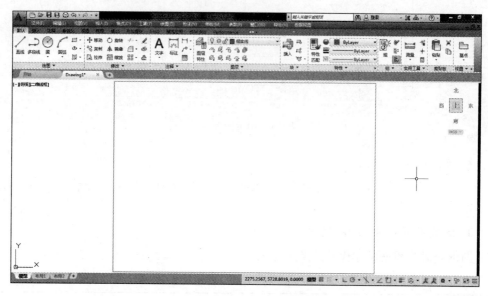

图 3-3　绘制 A2 图纸外框

② 绘制 A2 图纸内框。装订边为 25mm，其余的内外框间距 5mm。使用 OFFSET 指令或单击"修改"面板上的 按钮完成绘制，并将偏移后的内框更改到粗实线层，如图 3-4 所示。

③ 使用 TRIM 指令或"修改"面板上的 按钮修剪内框的多余部分，单击显示线宽 按钮后如图 3-5 所示，A2 图幅及图框绘制完成。

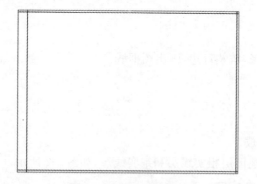

图 3-4　偏移及修改图层

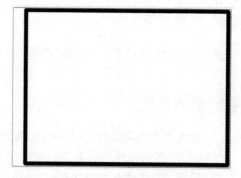

图 3-5　A2 图幅及图框

知识拓展

图纸的标题栏的位置如图 3-1 所示。涉外工程的标题栏内,各项主要内容的中文下方应附有译文,设计单位的上方或左方,应加"中华人民共和国"字样。标题栏的一般样式如图 3-6 所示。

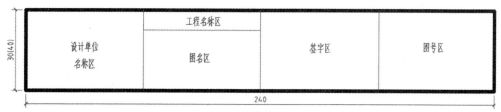

(a) 标题栏示例1

(b) 标题栏示例2

图 3-6　标题栏

对于在学习本课程时的绘图作业,其标题栏建议采用图 3-7 所示格式。

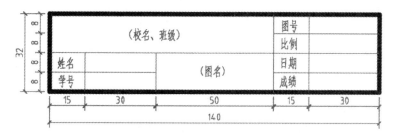

图 3-7　绘图作业使用的标题栏

课后作业

绘制如图 3-1(b)所示的竖向 A4 图幅图框,并在相应位置绘制如图 3-7 所示的标题栏,填写标题栏中信息。

任务2　图　　线

教学目标

(1) 掌握专业制图标准中图线各种线型的宽度配置及其用途。

(2) 掌握特殊线型在画线过程中的绘制规则。

任务导入

画在图样上的线条统称图线。图线有粗、中、细之分。

相关知识

1. 图线宽度选择

图线的宽度 b 宜在下列线宽系列中选取：2.0mm、1.4mm、1.0mm、0.7mm、0.5mm、0.35mm。

2. 图线的线宽组

每个图样，应根据复杂程度与比例大小，先选定基本线宽 b，再选用表 3-2 中相应的线宽组。

表 3-2　线宽组

线宽比	线宽组					
b	2.0	1.4	1.0	0.7	0.5	0.35
$0.5b$	1.0	0.7	0.5	0.35	0.25	0.18
$0.25b$	0.5	0.35	0.25	0.18	—	—

注：① 需要缩微的图样，不宜采用 0.18mm 及更细的线宽。

　　② 同一张图样内，各不同线宽中的细线，可统一采用较细的线宽组的细线。

3. 线型、宽度及用途

建筑工程制图的各类线型、宽度及用途见表 3-3。

表 3-3　建筑工程制图的各类线型、宽度及用途

名　　称		型　　式	宽　　度	一　般　用　途
实线	粗	————————	b	主要可见轮廓线
	中	————————	$0.5b$	可见轮廓线
	细	————————	$0.25b$	可见轮廓线、图例线

续表

名　称		型　式	宽　度	一般用途
虚线	粗		b	见各有关专业制图标准
	中		$0.5b$	不可见轮廓线
	细		$0.25b$	不可见轮廓线、图例线
单点长画线	粗		b	见各有关专业制图标准
	中		$0.5b$	见各有关专业制图标准
	细		$0.25b$	中心线、对称线等
双点长画线	粗		b	见各有关专业制图标准
	中		$0.5b$	见各有关专业制图标准
	细		$0.25b$	假想轮廓线、成型前原始轮廓线
折断线			$0.25b$	断开界线
波浪线			$0.25b$	断开界线

 任务布置

按图 3-8 所示尺寸绘出其已知两面投影,并求出第三投影,标注尺寸。

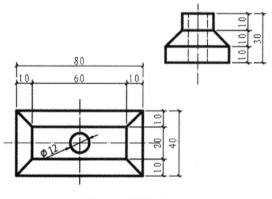

图 3-8　绘制三视图

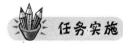 任务实施

(1) 设定图形界限 200×100,全部缩放。

(2) 打开"图层特性管理器"对话框,新建图层,如图 3-9 所示。

(3) 适当调整"线型管理器"中的全局比例因子,如图 3-10 所示。切换"中心线"图层为当前层,绘制中心线,如图 3-11 所示。

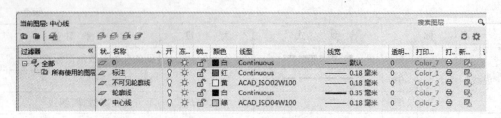

图 3-9　新建图层

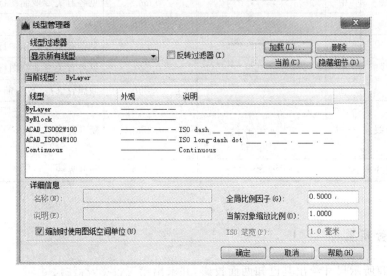

图 3-10　设置全局比例因子

（4）绘制已知两面投影，即俯视图和左视图。切换"中心线"图层为当前层，绘制中心线；切换"轮廓线"图层为当前层，绘制可见轮廓线；切换"不可见轮廓线"图层为当前层，绘制不可见轮廓线，即图中虚线，如图 3-12 所示。

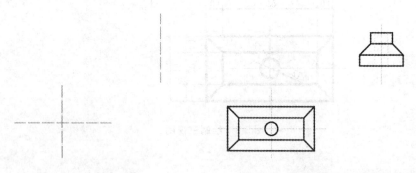

图 3-11　绘制中心线　　　　　　　图 3-12　绘制已知两面投影

（5）切换"标注"图层为当前层，根据三视图"长对正、高平齐"规则绘制主视图所需辅助线；再切换相应图层绘制主视图，如图 3-13 所示。

（6）删除辅助线，以"标注"图层为当前层，进行标注，结果如图 3-14 所示。

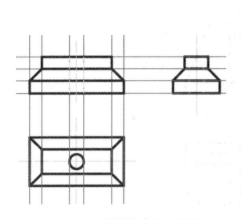

图 3-13 绘制辅助线及主视图

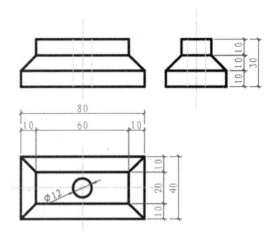

图 3-14 三视图及标注

知识拓展

画线时相关注意事项：

（1）在同一张图样内，相同比例的各图形，应选用相同的线宽组。

（2）图纸的图框线和标题栏线可采用表 3-4 中的线宽。

表 3-4 图框线、标题栏线的宽度   mm

幅面代号	图 框 线	标题栏外框线	标题栏分隔线、会签栏线
A0、A1	1.4	0.7	0.35
A2、A3、A4	1.0	0.7	0.35

（3）虚线的画和间隔应分别保持长短一致。画长为 3～6mm，间隔为 0.5～1mm。单点长画线或双点长画线画的长度应大致相等，为 15～20mm。

（4）虚线与实线交接或虚线与其他图线交接时，应是线段交接。虚线为实线的延长线时，不得与实线连接。

（5）单点长画线或双点长画线的两端不应是点。点画线与点画线交接或点画线与其他图线交接时，应是线段交接。

（6）单点长画线或双点长画线，当在较小图形中绘制有困难时，可用细实线代替。

（7）互相平行的图线，其间隔不宜小于其中的粗线宽度，且不宜小于 0.7mm。

（8）图线不得与文字、数字或符号重叠、混淆。不可避免时，应首先保证文字等的清晰。

课后作业

按图 3-15 所示尺寸绘出其已知两面投影，并求出第三投影，标注尺寸。

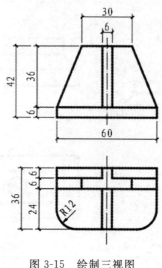

图 3-15　绘制三视图

任务 3　尺 寸 标 注

教学目标

（1）了解建筑工程图样中尺寸标注的组成。
（2）掌握各种尺寸标注的标准规范。

任务导入

　　在建筑工程图样中，其图形只能表达建筑物的形状及材料等内容，而不能反映建筑物的大小。建筑物的大小由尺寸来确定。尺寸标注是一项十分重要的工作，必须认真仔细，准确无误。如果尺寸有遗漏或错误，会给施工带来困难和损失。

相关知识

1. 尺寸的组成

　　图样上的尺寸包括四个要素：尺寸界线、尺寸线、尺寸起止符号和尺寸数字，如图 3-16 所示。

　　（1）尺寸界线。尺寸界线应用细实线绘制，一般与被注长度垂直，其一端应离开图样的轮廓线不小于 2mm，另一端应超出尺寸线 2～3mm。图样轮廓线、中心线及轴线

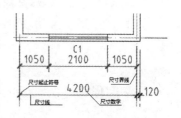

图 3-16　尺寸的组成

可用作尺寸界线。

（2）尺寸线。尺寸线应用细实线绘制，并与被注长度平行，与尺寸界线垂直相交，但不宜超出尺寸界线外。互相平行的尺寸线，应从被注的图样轮廓线由近向远整齐排列，小尺寸线应离轮廓线较近，大尺寸线离轮廓线较远。图样轮廓线以外的尺寸线，与图样最外轮廓线之间的距离不宜小于 10mm。平行排列的尺寸线的间距为 7～10mm，并应保持一致。图样上任何图线都不得用作尺寸线。

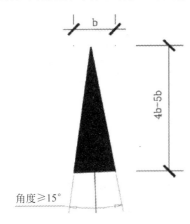

图 3-17　箭头尺寸起止符号

（3）尺寸起止符号。尺寸起止符号一般用中粗短斜线绘制，并画在尺寸线与尺寸界线的相交处。其倾斜方向应与尺寸界线成顺时针 45°角，长度宜为 2～3mm。在轴测图中标注尺寸时，其起止符号宜用小圆点。

半径、直径、角度与弧长的尺寸起止符号宜用箭头表示。箭头的画法如图 3-17 所示。

（4）尺寸数字。国家标准规定，图样上标注的尺寸一律用阿拉伯数字，图样上标注的是实际尺寸，它与绘图所用的比例无关。因此，图样上的尺寸，应以尺寸数字为准，不得从图上直接量取，除标高及总平面图以米（m）为单位外，其余一律以毫米（mm）为单位，图上尺寸数字都不再注写单位。

尺寸数字一般注写在尺寸线的中部。水平方向的尺寸，尺寸数字要写在尺寸线的上面，字头朝上；竖直方向的尺寸，尺寸数字要写在尺寸线的左侧，字头朝左；倾斜方向的尺寸，尺寸数字的方向应按图 3-18(a) 的形式注写，尺寸数字在图中所示 30°阴影线范围内时可按图 3-18(b) 的形式注写。

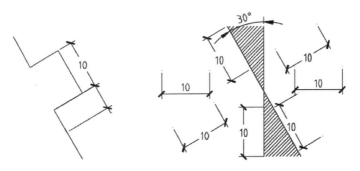

(a) 倾斜方向尺寸数字注写方向　　(b) 30°阴影线范围内尺寸数字注写方向

图 3-18　尺寸数字的注写方向

尺寸数字如果没有足够的注写位置，两边的尺寸可以注写在尺寸界线的外侧，中间相邻的尺寸可以错开注写，如图 3-19 所示。尺寸宜标注在图样轮廓之外，不宜与图线、文字及符号等相交。

图 3-19　尺寸数字的注写位置

2. 圆、圆弧、角度及坡度的尺寸标注

(1) 对于圆和大于 1/2 圆周的圆弧应标注直径尺寸,在直径数字前加直径符号 φ。在圆内标注的尺寸线应通过圆心,画箭头指到圆弧。较小圆的直径尺寸可标注在圆外,如图 3-20 所示。

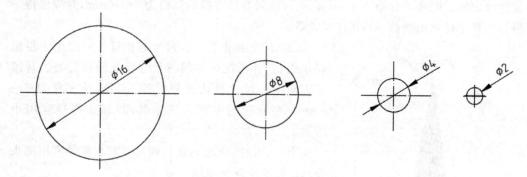

图 3-20   圆的直径标注方法

(2) 对于小于或等于 1/2 圆周的圆弧应标注半径尺寸,在半径数字前加半径符号 R。尺寸线的一端从圆心开始,另一端画箭头指向圆弧,如图 3-21(a)所示。较小圆弧的半径尺寸,可按图 3-21(b)所示标注。较大圆弧的半径尺寸,可按图 3-21(c)所示标注。

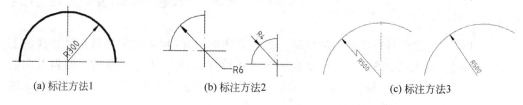

(a) 标注方法1   (b) 标注方法2   (c) 标注方法3

图 3-21   圆弧半径的标注方法

(3) 角度的尺寸线应以圆弧表示。圆弧的圆心应是该角的顶点,角的两条边为尺寸界线。角度的起止符号应以箭头表示,如没有足够的位置画箭头,可用圆点代替,角度数字应按水平方向注写,如图 3-22 所示。

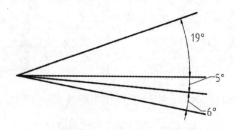

图 3-22   角度的标注方法

(4) 标注坡度时,应在坡度数字下加注坡度符号,该符号为单面箭头,箭头应指向下坡方向,如图 3-23(a)和图 3-23(b)所示。坡度也可用直角三角形形式标注,如图 3-23(c)所示。

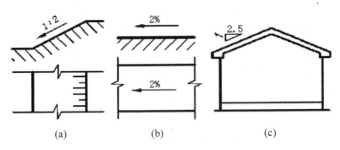

图 3-23　坡度标注方法

任务布置

打开素材文件 3-1. dwg，比例为 1∶1 绘制，创建标注样式，并标注尺寸，结果如图 3-24 所示。

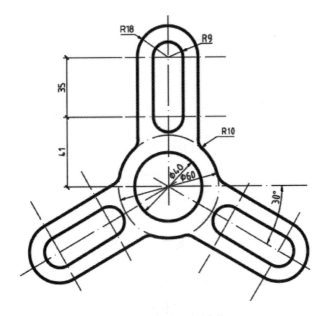

图 3-24　标注几何图形

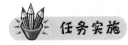任务实施

（1）建立一个名为"标注"的图层，设置图层颜色为红色，线型为 Continuous，并使其成为当前层。

（2）创建文字样式，创建"标注文字"，与其关联的字体文件是 gbenor. shx 和 gbcbig. shx。

（3）创建一个标注直线尺寸的尺寸样式，名称为"工程标注"，对该样式进行如下设置。

① 尺寸线的基线间距为"8"；尺寸界线超出尺寸为2；尺寸界线起点偏移量为2。

② 箭头第一个和第二个均为"建筑标记"，箭头大小为2。

③ 标注文字连接"标注文字"；文字高度等于5；文字位置垂直为"上"、水平为"居中"、从尺寸线偏移为1；文字对齐为"与尺寸线对齐"。

④ 主单位精度为0，其他设置默认。

⑤ 使"工程标注"成为当前样式。

（4）激活对象捕捉，设置捕捉类型为端点、交点。

（5）标注直线尺寸为41、35。

（6）在"工程标注"的基础上新建一个子样式，在"创建新标注样式"对话框"用于"下拉列表中选择"半径标注"选项，如图 3-25 所示。然后在"新建标注样式：工程标注：半径"对话框中将"箭头"分组框的第二个改为"实心闭合"，箭头大小为3，文字对齐为"水平"。再标注半径尺寸 R9、R18、R10。

图 3-25   "创建新标注样式"对话框

（7）在"工程标注"的基础上新建另一个子样式，在"创建新标注样式"对话框"用于"下拉列表中选择"直径标注"选项。然后在"新建标注样式：工程标注：直径"对话框中将"箭头"分组框的第一个和第二个均改为"实心闭合"，箭头大小为3，文字对齐为"与尺寸线对齐"。接着用命令 DIMATFIT，输入新值为1。再标注直径尺寸 $\phi40$、$\phi60$，适当调整标注文字的位置。

（8）在"工程标注"的基础上新建另一个子样式，在"创建新标注样式"对话框"用于"下拉列表中选择"角度标注"选项。然后在"新建标注样式：工程标注：角度"对话框中将"箭头"分组框的第一个和第二个均改为"实心闭合"，箭头大小为3，文字对齐为"与尺寸线对齐"。再标注角度尺寸为30°。单击30°尺寸，将出现尺寸的关键点，光标停留在关键点上会出现相应的快捷菜单，可根据需要进行调整，也可单击文字旁的关键点拖动尺寸文字进行位置调整。建立的各子样式如图 3-26 所示。

 知识拓展

尺寸的简化标注如下。

（1）对于杆件或管线的长度，在桁架简图、钢筋简图、管线简图等单线图上，可直接将尺寸数字沿杆件或管线的一侧注写，如图 3-27 所示。

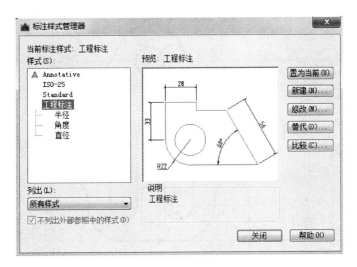

图 3-26　尺寸标注子样式

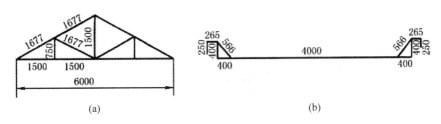

图 3-27　单线图尺寸标注方法

（2）连续排列的等长尺寸,可用"个数×等长尺寸＝总长"的形式标注,如图 3-28 所示。

（3）对于形体上有相同要素的尺寸,可仅标注其中一个要素的尺寸,如图 3-29 所示。

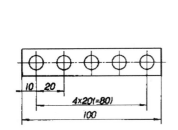

图 3-28　等长尺寸简化标注方法

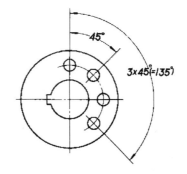

图 3-29　相同要素尺寸标注方法

课后作业

按照尺寸标注标准,标注素材文件 3-2.dwg 中的尺寸,如图 3-30 所示。

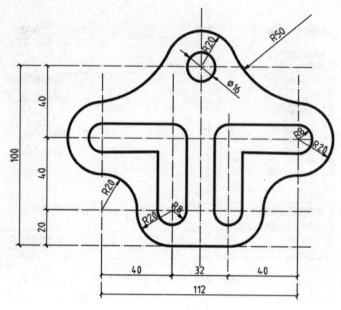

图 3-30   标注几何图形尺寸

任务 4   建筑施工图中常用的符号

（1）了解建筑施工图中常用符号的用途。
（2）掌握图样上的文字、数字、符号书写规范。
（3）掌握建筑施工图中常用符号的绘制标准。

图中文字、数字、符号等用途和规范也需要了解。

1. 建筑施工图中文字、数字、符号书写规范

图样上所书写的文字、数字或符号等，均应笔画清楚、字体端正、排列整齐、间隔均匀；标点符号应清楚正确。文字的字高，应从如下系列中选用：3.5mm、5mm、7mm、10mm、14mm、20mm。

（1）汉字

在图样及说明中的汉字宜采用长仿宋体。大标题、图册封面和地形图中使用的汉字，也可书写成其他字体,但应易于辨认。汉字的简化字书写,必须符合国务院公布的《汉字简化方案》和有关规定。长仿宋体字体的高度与字宽的比例大约为1:0.7。

(2)拉丁字母和数字

拉丁字母、阿拉伯数字与罗马数字的字体有直体和斜体之分,斜体字的斜度应是从字的底线逆时针向上倾斜75°,其高度与宽度应与相应的直体字相等。数量的数值注写应采用直体阿拉伯数字。

2. 建筑施工图中常用符号的用途及绘制标准

(1)定位轴线

定位轴线是用来确定建筑物主要结构及构件位置的尺寸基准线。凡承重构件,如墙、柱、梁、屋架等位置都要画上定位轴线并进行编号,施工时应以此为定位的基准。定位轴线应用细单点长画线表示,在线的端部画一细实线圆,直径为8~10mm。圆内注写编号,如图3-31所示。在建筑平面图上编号的次序是:横向自左向右用阿拉伯数字编写,竖向自下而上用大写拉丁字母编写,如图3-31所示。

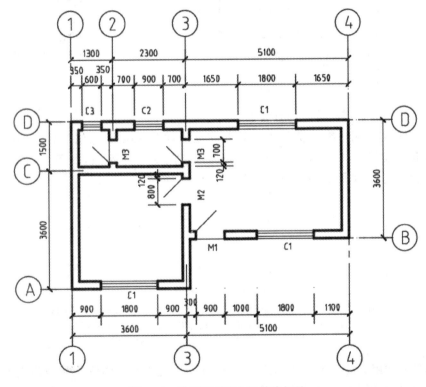

图 3-31 建筑平面图中的轴线标号

(2)标高符号

标高符号表示某一部位的高度,在图中用标高符号加注尺寸数字表示。标高符号用细实线绘制,符号中的三角形为等腰三角形,画法如图2-32所示,三角形另一侧的长横线上注写尺寸数字,尺寸单位为m,注写到小数点后三位(总平面图上可注到小数点后两位),数字字高为3.5。总平面图室外地坪标高符号用涂黑的三角形表示,如图2-33所示。

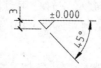

| 图 3-32　标高符号画法 | 图 3-33　总平面图室外地坪标高 |

（3）符号索引符号与详图符号

在房屋建筑图中，某一局部或购配件需要另见详图时，应以索引符号索引。图 3-34 所示的立面图中画出了索引符号，并在同一张图样上绘出相应详图。

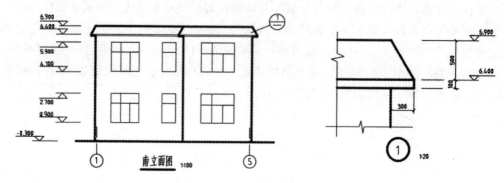

图 3-34　索引及详图

标注索引符号和详图符号的方法规定如下。

① 索引符号。用一细实线为引出线，指出要画详图的地方，在线的另一端画一直径为 10mm 的细实线圆，引出线应指向圆心，圆内过圆心画一水平线，数字字高为 3.5。索引符号有以下几种，如图 3-35 所示。

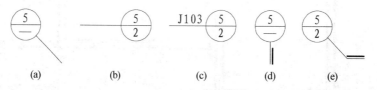

图 3-35　索引符号

（a）详图与被索引图样在一张图纸内；（b）详图与被索引图样不在一张图纸内；
（c）表示索引的 5 号详图在名为 J103 的标准图册，图号为 2 的图纸上；
（d）表示剖切后向左投影；（e）表示剖切后向下投影

索引符号如用于索引剖面详图，应在被剖切的部位绘制剖切的位置线，并以引出线引出索引符号，引出线所在的一侧应为投影方向。图 3-35（d）表示剖切后向左投影，图 3-35（e）则表示剖切后向下投影。

图 3-36　详图符号

② 详图符号。详图符号为一粗实线圆，直径为 14mm，如图 3-36 所示，图 3-36（a）表示该详图的编号为 5，被索引图样与这个详图在同一张图纸内；图 3-36（b）表示该详图的编号为 5，与被索引图样不在同一张图纸内，被索引图样在图号为 2 的图纸内。

（4）指北针

按1∶1比例绘制,圆的半径为12mm的细实线,指针尾部宽度为3mm,指针头部应标注"北"或N,字体高度5左右,如图3-37所示。

图3-37 指北针

（5）建筑图中文字注释

如"首层平面图"等,字高为7;1∶100等,字高为3～3.5。

注意: 以上元素需根据具体的绘图比例（打印比例）进行放大,如绘图比例为1∶100,则相应的尺寸需放大100倍。如索引符号圆的半径为500,其他以此类推。

 任务布置

打开素材文件3-3.dwg,建筑剖面图绘图比例为1∶100,为剖面图添加轴线编号、标高符号、索引符号、文字注释,效果如图3-38所示。

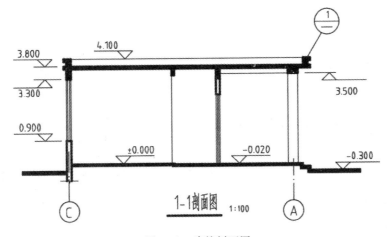

图3-38 建筑剖面图

 任务实施

（1）绘制标高。按图3-32所示尺寸绘制标高符号,然后缩放图形,比例因子为100。绘制完成一个标高符号后,复制标高符号及文字到各处,然后使用DDEDIT命令修改标高数字。

（2）绘制轴线编号。

① 绘制轴线引出线,再绘制半径为400的圆,在圆内书写轴线编号,字高为500。

② 复制圆及轴线编号,然后使用DDEDIT命令修改编号数字。

（3）绘制索引符号。按图3-35(a)所示绘制,然后缩放100倍。

（4）书写文字。"1-1剖面图"字高为700,1∶100字高为350。

 **知识拓展**

其他相关注意事项：

（1）拉丁字母中 I、O、Z 三个字母不得作轴线编号，以免与数字 1、0、2 混淆。定位轴线的编号一般注写在图形的下方和左侧。

（2）对于某些次要构件的定位轴线，可用附加轴线的形式表示，如图 3-35（b）所示。附加轴线的编号以分数表示，其中分母表示前一根轴线的编号，分子表示附加轴线的编号，用数字依次编写。平面图上需要画出全部的定位轴线。立面图或剖面图上一般只需画出两端的定位轴线。

（3）常以房屋的底层室内地面作为零点标高，注写形式为：±0.000；零点标高以上为"正"，标高数字前不必注写"+"号，如 3.200；零点标高以下为"负"，标高数字前必须加注"−"号，如 −0.600。标高的注写形式如图 3-38 所示。

 课后作业

打开素材文件 3-4.dwg，绘图比例为 1∶100，为平面图添加轴线编号、标高符号、文字注释等，效果如图 3-39 所示。

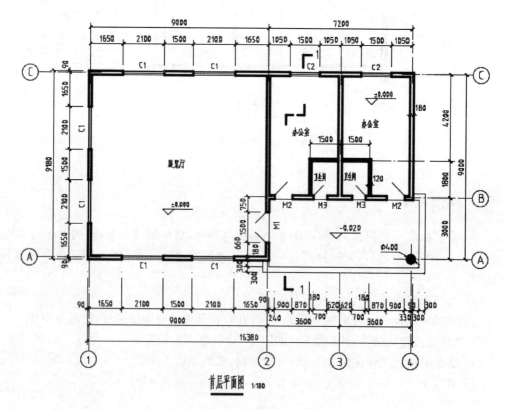

图 3-39   建筑平面图

项目 4

绘制建筑图

建筑平面图、立面图和剖面图是建筑施工工程图中最基本的图样,通过 3 种基本图样,就可以表示出建筑物的概貌。从事建筑设计的工程技术人员除了应掌握 AutoCAD 二维绘图的基本知识外,还应了解在建筑工程中用 AutoCAD 进行设计的一般方法和应用技巧,只有这样才能更有效地使用 AutoCAD,从而提高工作效率。

任务 1　绘制建筑总平面图

(1) 绘制建筑总平面图的步骤。

(2) 建筑总平面图实例。

在设计和建造一幢房屋前,需要一张总平面图说明建筑物的地点、位置、朝向及周围的环境等,总平面图表示一项工程的整体布局。

1. 建筑总平面图主要内容

建筑总平面图是一水平投影图(俯视图),绘制时按照一定的比例在图纸上画出房屋轮廓线及其他设施水平投影的可见线,以表示建筑物和周围设施在一定范围内的总体布置情况,其图示的主要内容如下。

（1）建筑物的位置和朝向。

（2）室外场地、道路布置、绿化配置等情况。

（3）新建建筑物与相邻建筑物及周围环境的关系。

2. 绘制总平面图的主要步骤

（1）绘制新建筑物周围的原有建筑、道路系统及绿化设施等。

（2）在地形图中绘制新建筑物的轮廓。若已有该建筑物的平面图，则可将该平面图复制到总平面图中，删除不必要的线条，仅保留平面图的外形轮廓线即可。

（3）插入标准图框，并以绘图比例的倒数缩放图框。

（4）标注新建筑物的定位尺寸、室内地面标高及室外整平地面的标高等。设置标注的全局比例为绘图比例的倒数。

绘制如图 4-1 所示的建筑总平面图，绘图比例为 1∶500，采用 A3 幅面的图框。

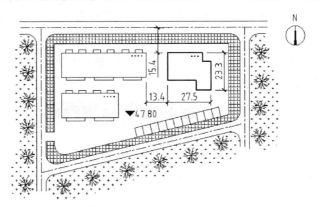

图 4-1　绘制总平面图

本任务具体操作步骤如下。

（1）创建表 4-1 所示图层。

表 4-1　创建图层 1

图 层 名 称	颜　　色	线　　型	线　　宽
总图-新建	白色	Continuous	0.7
总图-原有	白色	Continuous	默认
总图-道路	蓝色	Continuous	默认
总图-绿化	绿色	Continuous	默认
总图-车场	白色	Continuous	默认
总图-标注	白色	Continuous	默认

当创建不同种类的对象时,应切换到相应图层。

(2) 设定绘图区域大小为 200000×200000,设置总体线型比例因子为 500(绘图比例的倒数)。

(3) 激活极轴追踪、对象捕捉及自动追踪功能,设置极轴追踪角度增量为 90°,设定对象捕捉方式为端点、交点,设置仅沿正交方向进行自动追踪。

(4) 使用 XLINE 命令绘制水平和竖直的作图基准线,然后利用 OFFSET、LINE、BREAK、FILLET 和 TRIM 命令绘制道路及停车场,如图 4-2 所示,图中所有圆角的半径均为 6000。

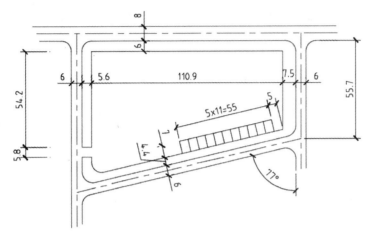

图 4-2 绘制道路及停车场

(5) 使用 OFFSET、TRIM 等命令绘制原有建筑和新建建筑,细节尺寸及结果如图 4-3 所示。使用 DONUT 命令绘制表示建筑物层数的圆点,圆点直接为 1000。

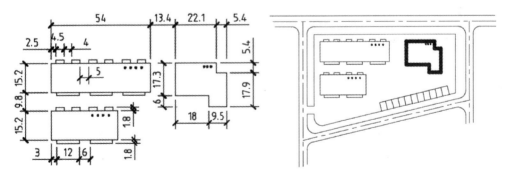

图 4-3 绘制原有建筑和新建建筑

(6) 利用 SKETCH、COPY 命令绘制树木,再使用 PLINE 命令绘制辅助线 A、B、C,然后填充剖面图案,图案名称为 GRASS 和 ANGLE,如图 4-4 所示。

(7) 删除辅助线,结果参见图 4-1。

(8) 打开素材文件 A3.dwg,该文件中包含一个 A3 幅面的图框,利用 Windows 的"复制"和"粘贴"功能将 A3 幅面的图纸复制到总平面图中,使用 SCALE 命令缩放图框,缩放比例为 500,将总平面图布置在图框中,结果如图 4-5 所示。

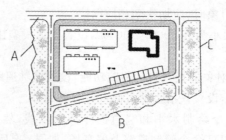

图 4-4   绘制树木及填充剖面图案

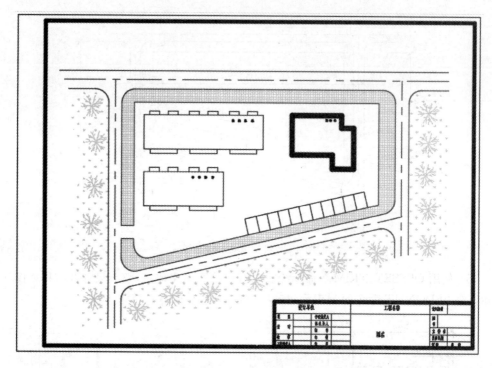

图 4-5   插入图框

（9）标注尺寸。尺寸文字的字高为 2.5，全局比例因子为 500，尺寸数值比例因子为 0.001。

（10）按 1∶1 比例绘制"指北针"和"室外地坪标高"，尺寸如图 4-6 所示，N 字体高度为 5，然后使用 SCALE 比例缩放命令放大 500 倍。

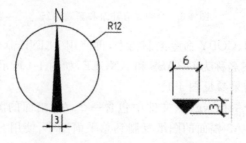

图 4-6   指北针和室外地坪标高

任务 2　绘制建筑平面图

（1）绘制建筑平面图的步骤。

（2）建筑平面图实例。

假想用一个剖切平面在门窗洞的位置将房屋水平剖切开，对剖切平面以下的部分进行正投影而形成的图样就是建筑平面图。该图是建筑图中最基本的图样之一，主要用于表示建筑物的平面形状以及沿水平方向的布置和组合关系等。

（1）建筑平面图的主要内容如下。

① 房屋的平面形状、大小及房间的布局。

② 墙体、柱及墩的位置和尺寸。

③ 门、窗及楼梯的位置和类型。

（2）利用 AutoCAD 绘制平面图的总体思路是先整体、后局部，主要绘制过程如下。

① 创建图层，如墙体层、轴线层、柱网层等。

② 利用 LIMITS 命令设定绘图区域的大小，然后利用 LINE 命令绘制水平及竖直的作图基准线。

③ 利用 OFFSET 和 TRIM 命令绘制水平及竖直的定位轴线。

④ 利用 MLINE 命令绘制外墙体，形成平面图的大致形状。

⑤ 绘制内墙体。

⑥ 利用 OFFSET 和 TRIM 命令在墙体上绘制门窗洞口。

⑦ 绘制门窗、楼梯及其他局部细节。

⑧ 插入标准图框，并以绘图比例的倒数缩放图框。

⑨ 标注尺寸，全局比例为绘图比例的倒数。

⑩ 书写文字，文字字高为图纸上的实际字高与绘图比例倒数的乘积。如实际字高为2.5，绘图比例为 1∶100，则文字绘制时字高为 250。

绘制建筑平面图，如图 4-7 所示，绘图比例为 1∶100，采用 A2 幅面的图框。为使图

形简洁,图中仅标出了总体尺寸、轴线间距尺寸及部分细节尺寸。

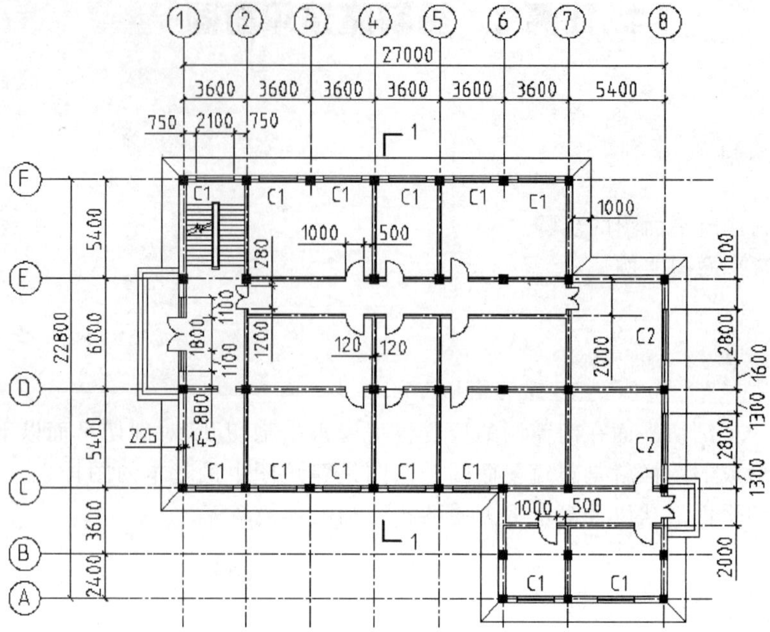

图 4-7　绘制建筑平面图

 任务实施

本任务具体操作步骤如下。

(1) 创建表 4-2 所示图层。

表 4-2　创建图层 2

图 层 名 称	颜　色	线　型	线　宽
建筑-轴线	蓝色	Center	默认
建筑-柱网	白色	Continuous	默认
建筑-墙体	白色	Continuous	0.7
建筑-门窗	白色	Continuous	默认
建筑-台阶及散水	红色	Continuous	默认
建筑-楼梯	白色	Continuous	默认
建筑-标注	白色	Continuous	默认

(2) 设定绘图区域大小为 40000×40000,设置总体线型比例因子为 100(绘图比例的倒数)。

(3) 激活极轴追踪、对象捕捉及自动追踪功能,设置极轴追踪角度增量为 90°,设定对象捕捉方式为端点、交点,设置仅沿正交方向进行自动追踪。

（4）使用 LINE 命令绘制水平和竖直的作图基准线，然后利用 OFFSET、LINE、BREAK、FILLET 和 TRIM 命令绘制轴线，如图 4-8 所示。

（5）在屏幕的适当位置绘制柱的横截面，尺寸如图 4-9 所示，先画一个正方形，再连接两条对角线，然后使用 SOLID 图案填充图形。正方形两条对角线的交点可作为柱截面的定位基准点。

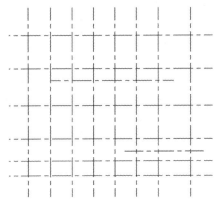

图 4-8　绘制轴线

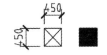

图 4-9　绘制柱的横截面

（6）使用 COPY 命令形成柱网，如图 4-10 所示。

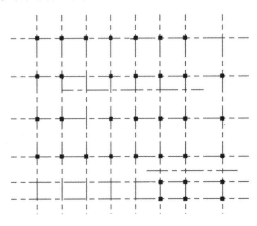

图 4-10　形成柱网

（7）创建两个多线样式，见表 4-3。

表 4-3　创建两个多线样式

样 式 名	元 素	偏 移 量
墙体-370	两条直线	145、−225
墙体-240	两条直线	120、−120

（8）指定"墙体-370"为当前样式，使用 MLINE 命令绘制建筑物外墙体，再设定"墙体-240"为当前样式，绘制建筑物内墙体，如图 4-11 所示。

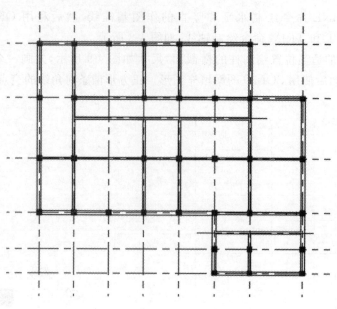

图 4-11　绘制外墙体和内墙体

（9）使用 MLEDIT 命令编辑多线相交的形式，再使用 EXPLODE、TRIM 命令分解多线，修剪多余线条。

（10）使用 OFFSET、TRIM 和 COPY 命令绘制所有的门窗洞口，如图 4-12 所示。

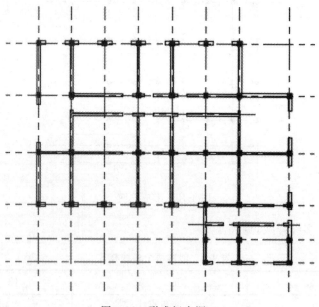

图 4-12　形成门窗洞口

（11）绘制门窗如图 4-13 所示，再使用 COPY、ROTATE 和 MIRROR 命令将门窗放到各个门窗洞处，如图 4-14 所示。

（12）绘制室外台阶及散水，细节尺寸和结果如图 4-15 所示。

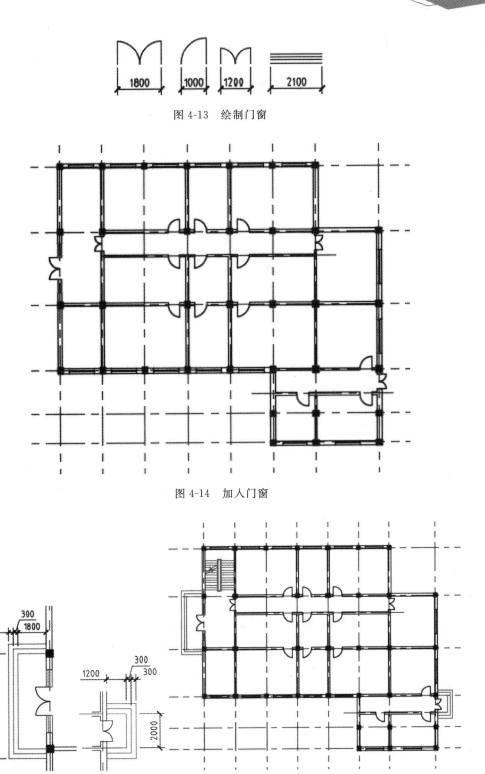

图 4-13 绘制门窗

图 4-14 加入门窗

图 4-15 绘制室外台阶及散水

（13）绘制楼梯，楼梯尺寸如图 4-16 所示。

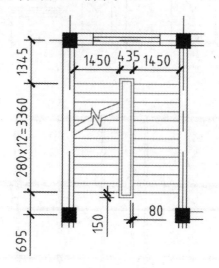

图 4-16　绘制楼梯

（14）打开素材文件 A2.dwg，该文件中包含一个 A2 幅面的图框，利用 Windows 的"复制"和"粘贴"功能将 A2 幅面的图纸复制到总平面图中，使用 SCALE 命令缩放图框，缩放比例为 100，将总平面图布置在图框中，结果如图 4-17 所示。

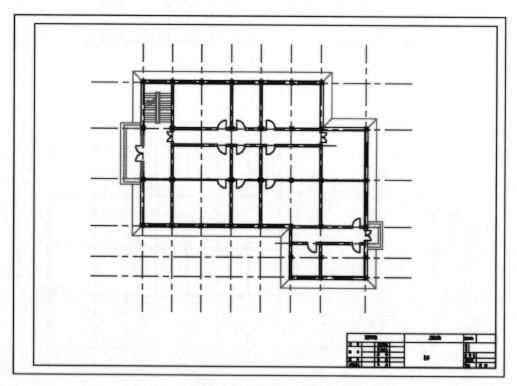

图 4-17　将总平面图插入图框

（15）标注尺寸。尺寸文字的字高为 2.5，全局比例因子为 100。

（16）书写文字 C1 等，文字字高为 250。

（17）将文件以名称"平面图.dwg"保存，该文件将用于绘制立面图和剖面图。

 课后作业

绘制住宅首层平面图，如图 4-18 所示。绘图比例为 1∶100。图层设置要求见表 4-4。完成后，保存以供后续立面图、剖面图、详图的绘制。

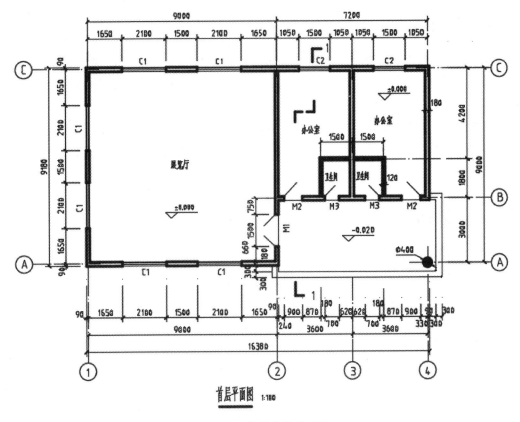

图 4-18　绘制建筑平面图

表 4-4　设置图层 1

图 层 名 称	颜　色	线　型	线　宽
0	白色	Continuous	0.6
01	红色	Continuous	0.15
02	青色	Continuous	0.3
03	绿色	SO04W100	0.15
04	黄色	ISO02W100	0.15

任务3 绘制建筑立面图

教学目标

绘制建筑立面图。

任务导入

建筑立面图是按不同投影方向绘制的房屋侧面外形图,它主要反映房屋的外貌和立面装饰情况,其中反映主要入口或比较显著地反映房屋外貌特征的立面图称为正立面图,其余立面图称为背立面图、侧立面图。房屋有4个朝向,常根据房屋的朝向命名相应方向的立面图,如南立面图、北立面图、东立面图和西立面图等。此外,用户也可根据建筑平面图中的首尾轴线命名立面图,如①~⑦立面图等。当观察者面向建筑物时,按从左往右的轴线顺序命令。

相关知识

绘制立面图的过程如下。

(1)创建图层,如建筑轮廓层、窗洞层及轴线层等。

(2)通过外部引用方式将建筑平面图插入当前图形中,或者打开已有的平面图,将其另存为一个文件,以此文件为基础绘制立面图,也可利用 Windows 的"复制"和"粘贴"功能从平面图中获取有用的信息。

(3)从平面图绘制建筑物轮廓的竖直投影线,再绘制地平线、屋顶线等,这些线条构成了立面图的主要布局线。

(4)利用投影线形成各层门窗洞口线。

(5)以布局线为作图基准线,绘制墙面细节,如阳台、窗台及壁柱等。

(6)插入标准图框,并以绘图比例的倒数缩放图框。

(7)标注尺寸,尺寸标注总体比例为绘图比例的倒数。

(8)书写文字,文字字高为图纸上的实际字高与绘图比例倒数的乘积。

任务布置

绘制建筑立面图,如图 4-19 所示。绘图比例为 1:100,采用 A3 幅面的图框。

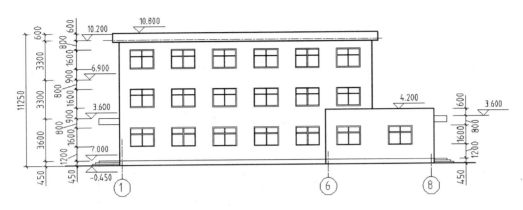

图 4-19 绘制建筑立面图

 任务实施

　　可将平面图作为绘制立面图的辅助图形。先从平面图绘制竖直投影线，将建筑物的主要特征投影到立面图上，然后再绘制立面图的各部分细节。

　　此任务具体操作步骤如下。

　　(1) 创建表 4-5 所示图层。

表 4-5　创建图层 3

图 层 名 称	颜　色	线　型	线　　宽
建筑-轴线	蓝色	Center	默认
建筑-构造	白色	Continuous	默认
建筑-轮廓	白色	Continuous	0.7
建筑-地坪	白色	Continuous	1.0
建筑-窗洞	红色	Continuous	默认
建筑-标注	白色	Continuous	默认

　　当创建不同种类的对象时，应切换到相应图层。

　　(2) 设定绘图区域大小为 40000×40000，设置总体线型比例因子为 100(绘图比例的倒数)。

　　(3) 激活极轴追踪、对象捕捉及自动追踪功能，设置极轴追踪角度增量为 90°，设定对象捕捉方式为端点、交点，设置仅沿正交方向进行自动追踪。

　　(4) 利用 Windows 的"复制"或"粘贴"功能从任务 2 中复制到主体平面图中。

　　(5) 从平面图绘制竖直投影线，再使用 LINE、OFFSET 和 TRIM 命令绘制屋顶线、室外地坪线和室内地坪线，细节尺寸和结果如图 4-20 所示。

　　(6) 从平面图绘制竖直投影线，再使用 OFFSET 和 TRIM 命令绘制窗洞线，如图 4-21 所示。

　　(7) 绘制窗户，细节尺寸和结果如图 4-22 所示。

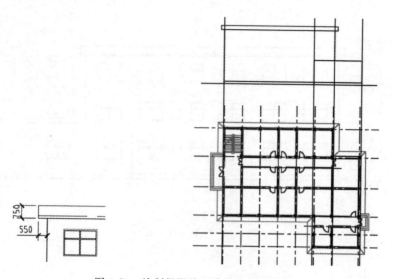

图 4-20 绘制投影线和建筑物轮廓线等

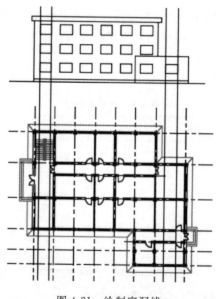

图 4-21 绘制窗洞线

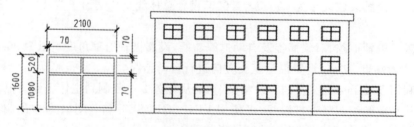

图 4-22 绘制窗户

（8）从平面图绘制竖直投影线，再使用 OFFSET 和 TRIM 命令绘制雨篷及室外台阶，结果如图 4-23 所示。雨篷厚度为 500，室外台阶分 3 个踏步，每个踏步高 150。

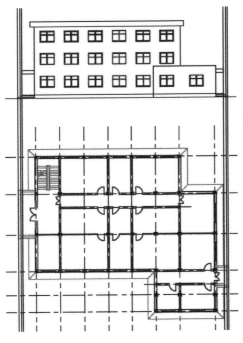

图 4-23　绘制雨篷及室外台阶

（9）删除平面图，打开素材文件 A3.dwg，该文件中包含一个 A3 幅面的图框，利用 Windows 的"复制"或"粘贴"功能将 A3 幅面的图纸复制到立面图中，使用 SCALE 命令缩放图框，缩放比例为 100，将总平面图布置在图框中，结果如图 4-24 所示。

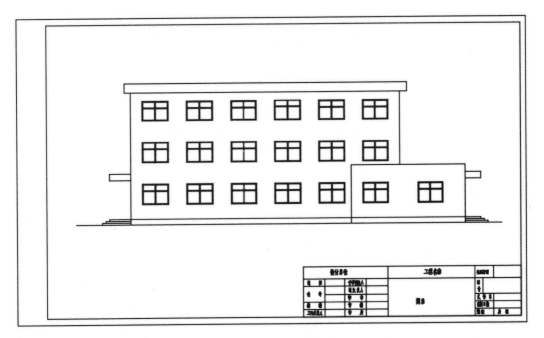

图 4-24　插入图框

（10）标注尺寸。尺寸文字的字高为 2.5，全局比例因子为 100。

（11）绘制标高、轴线编号，尺寸如图 4-25 所示，标高文字的字高为 2.5，轴线编号文字的字高为 5。使用 SCALE 命令缩放，比例因子为 100。使用 COPY 命令复制到各处，再使用 TEXTEDIT 修改文字内容。

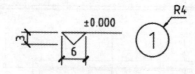

图 4-25　绘制标高和轴线编号

（12）将文件以名称"立面图.dwg"保存，该文件将用于绘制剖面图。

课后作业

在任务 2 课后作业基础上绘制住宅立面图，如图 4-26 所示。完成后，保存以供后续剖面图、详图的绘制。

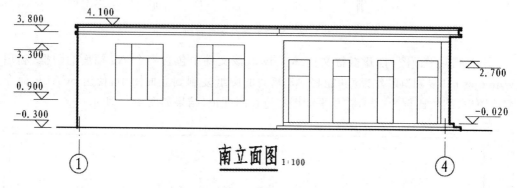

图 4-26　绘制立面图

任务 4　绘制建筑剖面图

教学目标

绘制建筑剖面图。

任务导入

剖面图主要用于反映房屋内部的结构形式、分层情况及各部分的联系等，它的绘制方法是假想用一个铅垂的平面剖切房屋，移去挡住的部分，然后将剩余的部分按正投影原理绘制出来。

相关知识

（1）剖面图反映的主要内容如下。

① 垂直方向上房屋各部分的尺寸及组合。

② 建筑物的层数、层高。

③ 房屋在剖面位置上的主要结构形式、构造方式等。

（2）绘制剖面图的主要过程如下。

① 创建图层，如墙体层、楼面层及构造层等。

② 将平面图、立面图布置在一个图形中，以这两个图为基准绘制剖面图。

③ 从平面图、立面图绘制建筑物轮廓的投影线，修剪多余线条，形成剖面图的主要布局线。

④ 利用投影线形成门窗高度线、墙体厚度线及楼板厚度线等。

⑤ 以布局线为作图基准线，绘制未剖切到的墙面细节，如阳台、窗台及墙垛等。

⑥ 插入标准图框，并以绘图比例的倒数缩放图框。

⑦ 标注尺寸，尺寸标注总体比例为绘图比例的倒数。

⑧ 书写文字，文字字高为图纸上的实际字高与绘图比例倒数的乘积。

任务布置

绘制建筑剖面图，如图 4-27 所示，绘图比例为 1：100，采用 A3 幅面的图框。

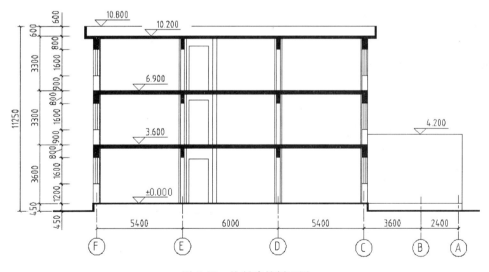

图 4-27　绘制建筑剖面图

任务实施

可将平面图、立面图作为绘制剖面图的辅助图形。将平面图旋转 90°，并布置在适当

的位置,从平面图、立面图绘制竖直及水平的投影线,以形成剖面图的主要特征,然后绘制剖面图各部分的细节。

具体操作步骤如下。

(1) 创建表 4-6 所示图层。

表 4-6　创建图层 4

图 层 名 称	颜 色	线 型	线 宽
建筑-轴线	蓝色	Center	默认
建筑-楼面	白色	Continuous	0.7
建筑-墙体	白色	Continuous	0.7
建筑-地坪	白色	Continuous	1.0
建筑-门窗	红色	Continuous	默认
建筑-构造	红色	Continuous	默认
建筑-标注	白色	Continuous	默认

当创建不同种类的对象时,应切换到相应图层。

(2) 设定绘图区域大小为 30000×30000,设置总体线型比例因子为 100(绘图比例的倒数)。

(3) 激活极轴追踪、对象捕捉及自动追踪功能,设置极轴追踪角度增量为 90°,设定对象捕捉方式为端点、交点,设置仅沿正交方向进行自动追踪。

(4) 利用 Windows 的"复制"和"粘贴"功能复制"平面图.dwg"和"立面图.dwg"到当前图形中。

(5) 将建筑平面图旋转 90°,并将其布置在适当位置。从立面图和平面图向剖面图绘制投影线,再绘制屋顶的左、右端面线,如图 4-28 所示。

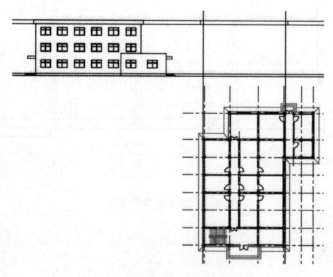

图 4-28　绘制投影线及屋顶端面线

（6）从平面图绘制竖直投影线，投影墙体，如图 4-29 所示。

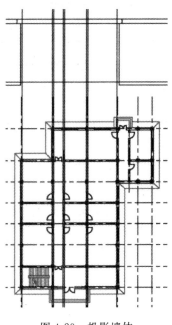

图 4-29 投影墙体

（7）从立面图绘制水平投影线，再使用 OFFSET、TRIM 等命令绘制楼板、窗洞及檐口，如图 4-30 所示。

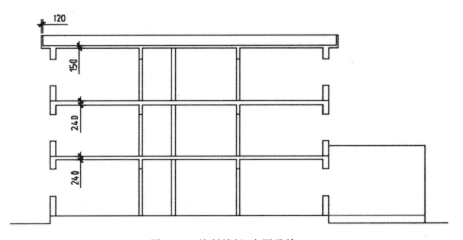

图 4-30 绘制楼板、窗洞及檐口

（8）绘制窗户、门、柱及其他细节，如图 4-31 所示。

（9）删除平面图、立面图，打开素材文件 A3.dwg，该文件中包含一个 A3 幅面的图框，利用 Windows 的"复制"和"粘贴"功能将 A3 幅面的图纸复制到剖面图中，使用 SCALE 命令缩放图框，缩放比例为 100，将总平面图布置在图框中，结果如图 4-32 所示。

（10）标注尺寸。尺寸文字的字高为 2.5，全局比例因子为 100。

（11）绘制标高、轴线编号。

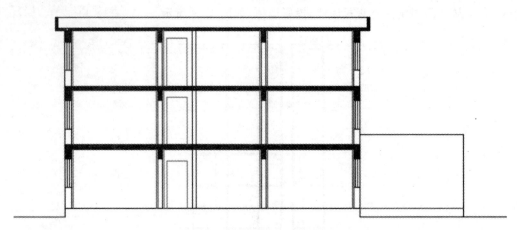

图 4-31 绘制窗户、门及柱等

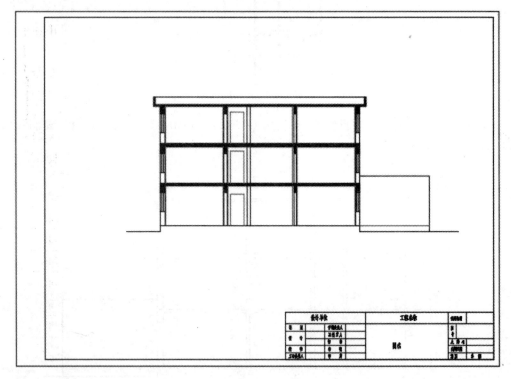

图 4-32 插入图框

（12）将文件以名称"剖面图.dwg"保存。

 课后作业

在任务 3 课后作业基础上绘制住宅剖面图，如图 4-33 所示。绘图比例为 1：100。完成后，保存以供后续详图的绘制。

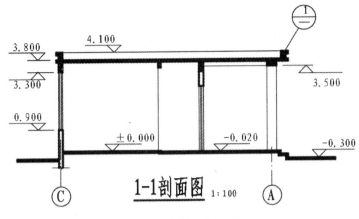

图 4-33　绘制建筑剖面图

任务5　绘制建筑详图

绘制建筑详图。

建筑平面图、立面图及剖面图主要表达了建筑物的平面布置情况、外部形状和垂直方向上的结构构造等。由于这些图样的绘图比例较小,而反映的内容却很多,因而建筑物的细部结构很难清晰地表达出来。为了满足施工要求,常要对楼梯、墙身、门窗及阳台等局部结构采用较大的比例进行详细绘制,这样画出的图样称为建筑详图。

1. 详图主要内容

(1) 某部分的详细构造及详细尺寸。

(2) 使用的材料、规格及尺寸。

(3) 有关施工要求及制作方法的文字说明。

2. 绘制建筑详图的主要过程

(1) 创建图层,如轴线层、墙体层及装饰层等。

(2) 将平面图、立面图或剖面图中的有用对象复制到当前图形中,以减少工作量。

(3) 不同绘图比例的详图都按 1∶1 的比例绘制。可先画出作图基准线,然后利用 OFFSET 和 TRIM 命令绘制图样细节。

(4) 插入标准图框,并以出图比例的倒数缩放图框。

（5）对绘图比例与出图比例不同的详图进行缩放操作，缩放比例因子等于绘图比例与出图比例的比值，然后再将所有详图布置在图框内。例如，有绘图比例为 1：20 和 1：40 的两张详图，要布置在 A3 幅面的图纸内，出图比例为 1：40。则布图前，应先使用 SCALE 命令缩放 1：20 的详图，缩放比例因子为 2。

（6）标注尺寸，尺寸标注总体比例为出图比例的倒数。

（7）对于已缩放 n 倍的详图，应采用新样式进行标注。标注总体比例为出图比例的倒数，尺寸数值比例因子为 $1/n$。

（8）书写文字，文字字高为图纸上的实际字高与绘图比例倒数的乘积。

任务布置

绘制建筑详图，如图 4-34 所示。两个详图的绘图比例分别为 1：10 和 1：20，图幅采用 A3 幅面，出图比例为 1：10。

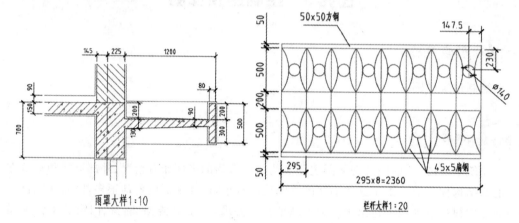

图 4-34　绘制详图

任务实施

本任务具体操作步骤如下。

（1）创建表 4-7 所示图层。

表 4-7　创建图层 5

图 层 名 称	颜　色	线　型	线　宽
建筑-轴线	蓝色	Center	默认
建筑-楼面	白色	Continuous	0.7
建筑-墙体	白色	Continuous	0.7
建筑-门窗	红色	Continuous	默认
建筑-构造	红色	Continuous	默认
建筑-标注	白色	Continuous	默认

当创建不同种类的对象时,应切换到相应图层。

（2）设定绘图区域大小为 4000×4000,设置总体线型比例因子为 10(出图比例的倒数)。

（3）激活极轴追踪、对象捕捉及自动追踪功能,设置极轴追踪角度增量为 $90°$,设定对象捕捉方式为端点、交点,设置仅沿正交方向进行自动追踪。

（4）使用 LINE 命令绘制轴线及水平作图基准线,然后使用 OFFSET、TRIM 命令绘制墙体、楼板及雨篷等,如图 4-35 所示。

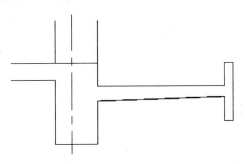

图 4-35　绘制墙体、楼板及雨篷等

（5）使用 OFFSET、LINE 和 TRIM 命令绘制墙面、门及楼板面构造等,再填充剖面图案,如图 4-36 所示。

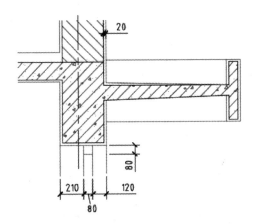

图 4-36　绘制墙面、门及楼板面构造等

（6）使用与第 4 步和第 5 步类似的方法绘制栏杆的大样图。

（7）打开素材文件 A3.dwg,该文件中包含一个 A3 幅面的图框,利用 Windows 的"复制"和"粘贴"功能将 A3 幅面的图纸复制到详图中,使用 SCALE 命令缩放图框,缩放比例为 10。

（8）使用 SCALE 命令缩放栏杆大样图,缩放比例为 0.5,然后把两个详图布置在图框中,如图 4-37 所示。

（9）创建尺寸标注样式"详图 1:10",尺寸文字的字高为 2.5,全局比例因子为 10,再以"详图 1:10"为基础样式创建新样式 1:20,改样式的尺寸数值比例因子为 2。

（10）标注尺寸及书写文字,文字字高为 25。

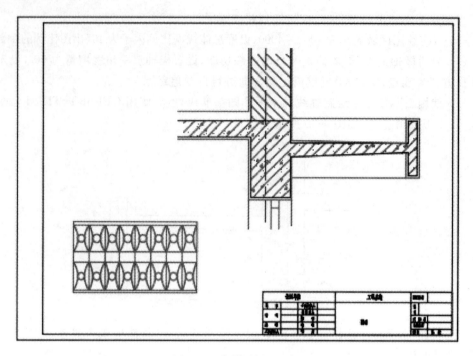

图 4-37   将详图插入图框

课后作业

在任务 4 课后作业基础上绘制详图,如图 4-38 所示,绘图比例为 1:20。

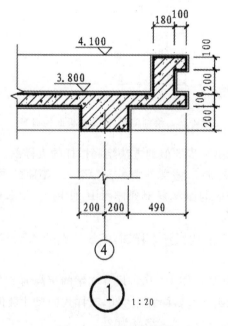

图 4-38   绘制建筑详图

任务6　综合案例——抄画房屋建筑图

教学目标

抄画房屋建筑图。

任务导入

本任务为建筑 CAD 中级考证样题部分内容,通过练习,掌握考证相关技能要求。

任务布置

抄画房屋建筑图如图 4-39 所示,要求如下。

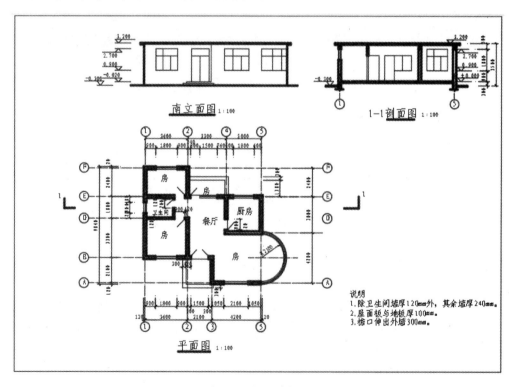

图 4-39　抄画建筑图

按表 4-8 规定设置图层及线型,并设定线型比例。

表 4-8　设置图层 2

图 层 名 称	颜　色	线　型	线　宽
0	白色	Continuous	0.6
01	红色	Continuous	0.15
02	青色	Continuous	0.3
03	绿色	SO04W100	0.15
04	黄色	ISO02W100	0.15

 任务实施

（1）新建图形文件,以"房屋建筑图.dwg"保存。

（2）用 LIMITS 命令设定图形界限 45000×30000。

（3）单击"图层特性"按钮,打开"图层特性管理器"对话框。单击"新建图层",并按要求进行图层设置,如图 4-40 所示。

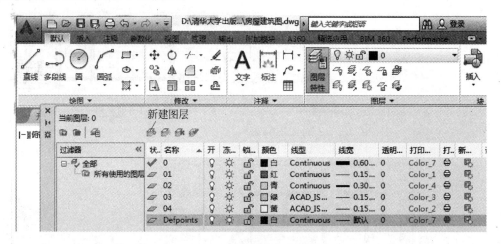

图 4-40　图层特性管理

（4）绘制平面图。

① 画定位轴线,在 03 绿色单点长画线层,用 LINE 命令绘制其中两条轴线(一条水平方向轴线,一条竖直方向轴线),用 OFFSET 命令得到其他轴线,用 BREAK、TRIM 命令修改轴线,如图 4-41 所示。

② 画墙体,开门窗洞。

a. 设置 2 个多线样式,按照表 4-9 1∶1 比例设置。单击菜单"格式"→"多线样式"→"新建"→输入新建样式名,如 240→确定→修改两条线的偏移量→确定。多线样式设置如图 4-42 所示。

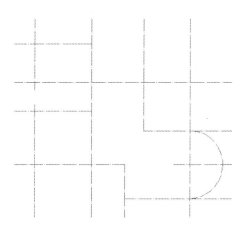

图 4-41 绘制轴线

表 4-9 设置多线样式

样 式 名	元 素	偏 移 量
240	两条直线	120、−120
120	两条直线	60、−60

单击上面中的一条直线，在
此处输入该直线的偏移量

图 4-42 多线样式设置

b. 在 0 号白色粗实线层，指定 240 为当前样式，用"多线"命令绘制外墙体，再设定
120 为当前样式，绘制内墙体，如图 4-43 所示。

注意：用多线命令时，对正类型有上、无、下三种，此图应设置为"无"，比例应改
为 1。

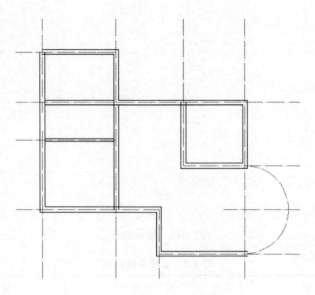

图 4-43   绘制外墙体和内墙体

c. 编辑墙线,有两种方法。

方法一:单击菜单"修改"→"对象"→"多线",会出现如图 4-44 所示对话框,选择合适的方式,按要求编辑所画墙线的接口。

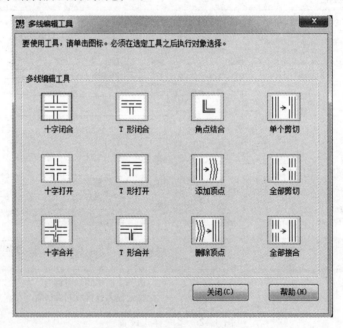

图 4-44   多线编辑工具

方法二:运用 EXPLODE 命令先将多线分解,再运用 TRIM 命令修剪。

d. 使用 LINE、OFFSET、COPY 和 TRIM 命令绘制所有的门窗洞口,如图 4-45 所示。

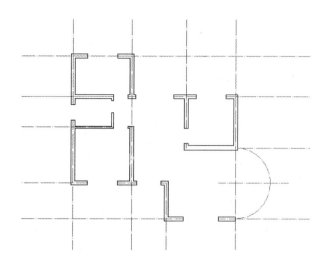

图 4-45 形成门窗洞口

③ 绘制门线,设置"极轴角"为 45,激活"极轴追踪""对象捕捉""对象捕捉追踪",在 02 青色中实线层使用 LINE 命令画门线。

④ 绘制窗线,在 01 红色细实线层,使用 LINE、OFFSET 命令绘制,相同尺寸的窗线使用复制命令。圆弧窗一般先使用 CIRCLE 命令来画,配合 TRIM 和 OFFSET 命令编辑。

⑤ 绘制台阶,在 01 红色细实线层上绘制。打开线宽显示效果,如图 4-46 所示。

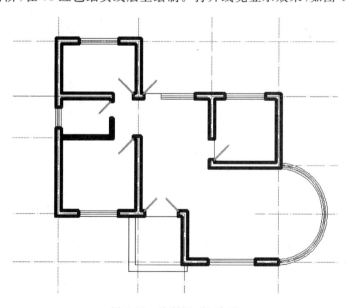

图 4-46 绘制门、窗、台阶

⑥ 标注尺寸、书写文字。

⑦ 完成平面图,如图 4-47 所示。

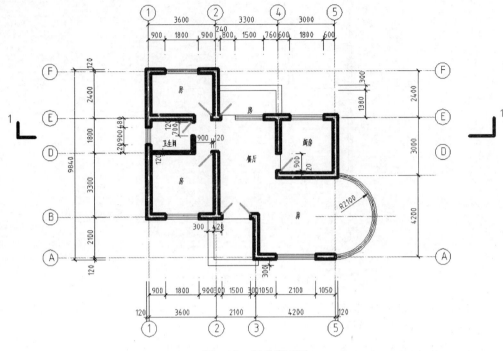

图 4-47 完成平面图

（5）立面图：要注意和平面图呈对正的关系。

① 画轮廓线。

关闭 01 红色细实线层，从平面图绘制竖直投影线，再使用 LINE、OFFSET、TRIM 命令绘制屋顶线、室外地坪线和室内地坪线等，如图 4-48 所示。完成轮廓线，删除辅助竖直投影线。

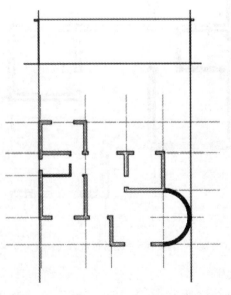

图 4-48 绘制投影线和建筑物轮廓线等

注意：地坪线的线宽为图中粗实线的 1.4 倍，立面图其他轮廓线均画在 0 号白色粗实线层。

② 画门、窗和台阶。

a. 门、窗、台阶的位置要和平面图中的位置对应。

b. 门、窗的外框线用中实线，里面的分格线用细实线，台阶用中实线。

如图 4-49 所示，完成门、窗、台阶，删除辅助竖直投影线。

圆弧窗的画法：在立面图中画圆弧窗时，其分隔线须与平面图中圆弧的等分点对正，如图 4-50 所示。可用"构造线"来竖直对齐，用"定数等分"命令来等分圆弧，完成后将竖直投影线和等分点删除。

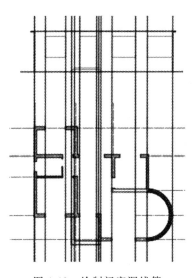 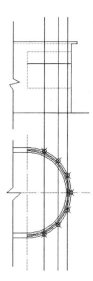

图 4-49　绘制门窗洞线等　　　图 4-50　立面图

③ 标注尺寸、书写文字。完成立面图，如图 4-51 所示。

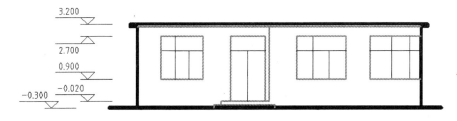

南立面图 1:100

图 4-51　完成立面图

（6）剖视图绘制：利用与平面图宽相等，与立面图高平齐的原则绘制。

① 用粗实线绘制剖面图的屋顶、左右界限。因为平面图的剖切线 1-1 为南北方向，所以无须旋转，直接向右"平移"到适当位置，为防止干扰可将细实线层关闭，从立面图和

平面图向剖面图绘制投影线，根据说明中的细节尺寸绘制，如图 4-52 所示。

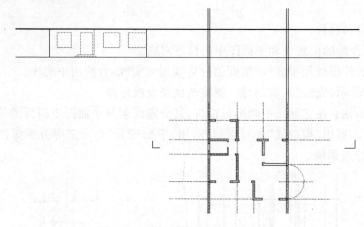

图 4-52　绘制投影线及屋顶端面线

② 从平面图绘制竖直投影线，绘制墙体、门窗洞，如图 4-53 所示。

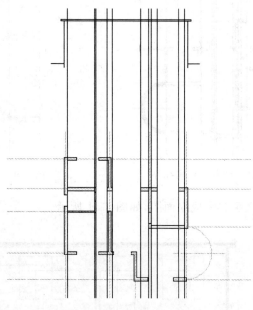

图 4-53　投影墙体、门窗洞

③ 绘制窗户、门及其他细节。

④ 填充地板及屋顶、梁。效果如图 4-54 所示。

注意：

a. 填充图例画在细实线层，必要时要调整填充比例。

b. 地板和楼板厚度一般为 100～120mm。

c. 墙体在地下有折断线，折断线画在细实线层。

d. 剖切墙体、屋顶、地板用粗实线，门窗框用中实线，门窗分隔线用细实线。

⑤ 标注尺寸、标高、轴线编号等。完成图如图 4-55 所示。

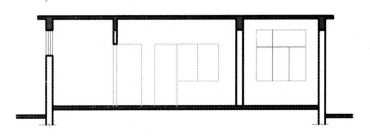

图 4-54　绘制地板及屋顶、梁

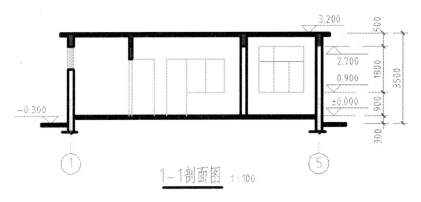

图 4-55　标注尺寸、标高、轴线编号

课后作业

抄画房屋建筑图,如图 4-56 所示。按表 4-10 规定设置图层及线型,并设定线型比例。

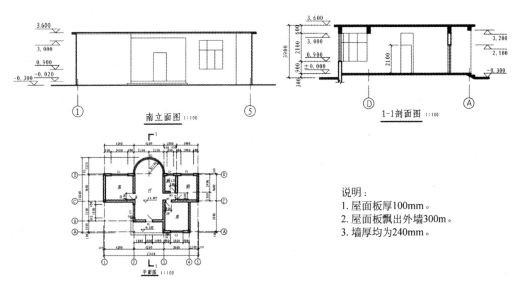

说明:
1. 屋面板厚100mm。
2. 屋面板飘出外墙300m。
3. 墙厚均为240mm。

图 4-56　抄画建筑图

表 4-10 设置图层 3

图 层 名 称	颜　色	线　型	线　宽
0	白色	Continuous	0.6
01	红色	Continuous	0.15
02	青色	Continuous	0.3
03	绿色	SO04W100	0.15
04	黄色	ISO02W100	0.15

项目 5

打印图形

图纸设计的最后一步是出图打印。通常意义上的打印是把图形打印在图纸上,在 AutoCAD 中,图样是按 1∶1 的比例绘制的,输出图形时需考虑选用多大幅面的图纸以及图形的缩放比例,有时还要调整图形在图纸上的位置和方向。

任务 1　打印单张图纸

设置打印参数并打印图形。

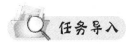

在模型空间中将工程图样布置在标准幅面的图框内,在标注尺寸及书写文字后,就可以输出图形。

在 AutoCAD 中,用户可使用内部打印机或 Windows 系统打印机输出图形,并能方便地修改打印机设置及其他打印参数。选取菜单命令"文件"→"打印"或单击"输出"选项卡"打印"面板上的按钮,打开"打印-模型"对话框,在该对话框中可配置打印设备及选择打印样式,还能设定图纸幅面、打印比例及打印区域等参数。

从模型空间打印图形,要求图形幅面为 A2,打印比例为 1∶100。

本任务具体操作过程如下。

(1) 打开素材文件 5-1. dwg。

(2) 通过 AutoCAD 的添加绘图仪向导配置一台绘图仪 DesignJet 450C C4716A。

(3) 选取菜单命令"文件"→"打印",打开"打印-模型"对话框,如图 5-1 所示,在该对话框中完成以下设置。

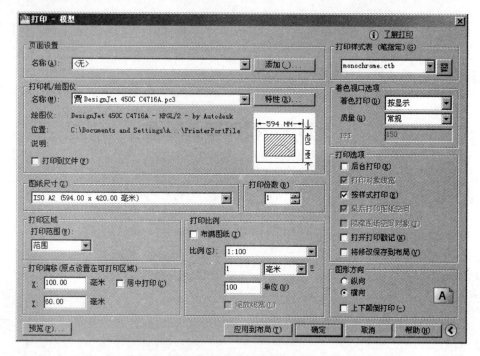

图 5-1 "打印-模型"对话框

① 在"打印机/绘图仪"分组框的"名称"下拉列表中选择打印设备 DesignJet 450C C4716A. pc3。

② 在"图纸尺寸"下拉列表中选择 A2 幅面的图纸。

③ 在"打印份数"文本框中输入打印份数为 1。

④ 在"打印范围"下拉列表中选择"范围"选项。

⑤ 在"打印比例"分组框中设置打印比例为 1∶100。

⑥ 在"打印偏移"分组框中指定打印原点为(100,60)。

⑦ 在"图形方向"分组框中设定打印方向为"横向"。

⑧ 在"打印样式表"分组框的下拉列表中选择打印样式 monochrome. ctb(将所有颜色打印为黑色)。

(4)单击"预览"按钮,预览打印效果,如图 5-2 所示。若满意,按 Esc 键返回"打印-模型"对话框,再单击"确定"按钮开始打印。

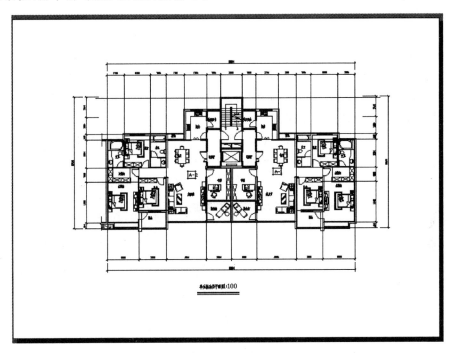

图 5-2 预览打印效果

任务2 将多张图纸布置在一起打印

将多个图样布置在一起打印。

为了节省图纸,常常需要将几个图样布置在一起打印。

素材文件 5-2. dwg 和 5-3. dwg 都采用 A3 幅面的图纸,绘图比例均为 1∶100,将它

们布置在一起输出到 A2 幅面的图纸上。

任务实施

本任务具体操作步骤如下。

(1) 选取菜单命令"文件"→"新建",建立一个新文件。

(2) 单击"块"面板上的"插入"→"更多选项"按钮,打开"插入"对话框,再单击"浏览"按钮,打开"选择图形文件"对话框,通过该对话框找到要插入的图形文件 5-2.dwg。

(3) 设定插入文件时的缩放比例为 1∶1。插入图样后,使用 SCALE 命令缩放图形,缩放比例为 1∶100(图样的绘图比例)。

(4) 使用与第(2)步相同的方法插入文件 5-3.dwg,插入时的缩放比例为 1∶1。插入图样后,使用 SCALE 命令缩放图形,缩放比例为 1∶100。

(5) 使用 MOVE 命令调整图样的位置,使其组成 A2 幅面的图纸,如图 5-3 所示。

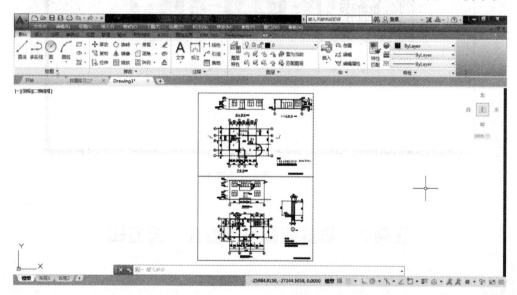

图 5-3　使图形组成 A2 幅面的图纸

(6) 选取菜单命令"文件"→"打印",打开"打印-模型"对话框。

(7) 在该对话框中进行以下设置。

① 在"打印机/绘图仪"分组框的"名称"下拉列表中选择打印设备 DesignJet 450C C4716A.pc3。

② 在"图纸尺寸"下拉列表中选择 A2 幅面的图纸。

③ 在"打印样式表"分组框的下拉列表中选择打印样式 monochrome.ctb(将所有颜色打印为黑色)。

④ 在"打印范围"下拉列表中选择"范围"选项。

⑤ 在"打印比例"分组框中选择"布满图纸"复选项。

⑥ 在"图形方向"分组框中选择"纵向"单选项。

（8）单击"预览"按钮，预览打印效果，如图 5-4 所示。若满意，单击 🖶 按钮开始打印。

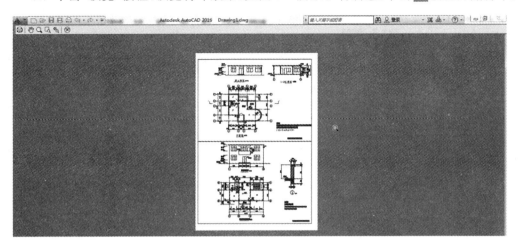

图 5-4 预览打印效果

附录

素材文件

本书中的素材文件，可以登录清华大学出版社网站：http://www.tup.com.cn，免费下载，或者发电子邮件至 63736425@qq.com 免费索取。本书使用的素材文件如下。

1-1. dwg

1-2. dwg

1-3. dwg

2-1. dwg

2-2. dwg

2-3. dwg

2-4. dwg

2-5. dwg

3-1. dwg

3-2. dwg

3-3. dwg

5-1. dwg

5-2. dwg

5-3. dwg

A2. dwg

A3. dwg

参 考 文 献

[1] 李善峰,张卫华,姜勇.从零开始 AutoCAD 2010 建筑制图基础培训教程[M].北京:人民邮电出版社,2010.
[2] 罗康贤,吴伟涛.广东省中级计算机辅助绘图员职业技能鉴定考证指南[M].北京:中国劳动社会保障出版社,2006.